文
景
———
Horizon

社科新知 文艺新潮

四口吃遍江户

すし ・ 天ぷら ・ 蕎麦 ・ うなぎ
江戸四大名物食の誕生
\!!/

〔日〕 饭野亮一 著

田蕊 译　陶芸 审校

上海人民出版社

前　言

　　在约两百年前的江户，各种饮食店林立，餐饮业十分兴盛。其中最有人气的餐食，要数寿司、天妇罗、荞麦面和鳗鱼。江户町中许多饮食摊使用直接取自江户湾（今东京湾）的鱼虾贝类等食材，为食客们提供现做的寿司、现炸的天妇罗等。荞麦面店提供的都是自家和面、擀面的荞麦面，荞麦面的佐料汁则由鱼贝类的汤汁熬制而成。而蒲烧店使用的原料是鱼塘饲养的江户湾鳗鱼，人们将活的鳗鱼当场剖开制作成蒲烧。（顺便一提，最早强调原料来自"江户湾"的就是蒲烧店。）

　　在外就餐的文化很早就在江户兴盛起来。在 18 世纪初，江户的餐饮店数量已经达到了 7603 家。这些餐饮店包括料理茶屋、荞麦面店、蒲烧店、寿司店、居酒屋、煮卖茶屋（卖熟食的茶店）、茶泡饭店、一膳饭屋（简易食堂）、菜饭店、团子店、年糕红豆汤店、甜酒店等，其中数量最多的是居酒屋。2014 年出版的拙作《居酒屋的诞生》（筑摩学艺文库）一书，就是着眼于江户的居酒屋文化写成的。因为选择了这样的题目，所以当时主要是以酒为中心去考察江户的饮食文化。这次，我想以食物为中心，来进行对江户饮食文化的研究。在餐饮业提供的各式各样的食品中，我选择了寿司、天妇罗、荞麦面、鳗鱼这四种来进行详细的考察和研究，是因为这四种料理因江户人的偏爱而得到了长足发展，成为江户最有人气的食物，直到现在依然是东京有名的吃食。

本书将参考既有研究的成果，按照这四大知名食物在江户出现的时间顺序进行介绍，兼顾其相互间的关联性，并使用绘画等史料，展现这四大知名食物发展的过程。此外，经过对大量史料的查证，此前一直不甚明了的"二八荞麦面"名称的由来、天妇罗荞麦面的诞生、蒲烧开始在江户大量销售的时间、天妇罗和茶泡饭被搭配在一起的时间、握寿司出现的背景等问题，也都在本次研究中找到了答案。

除此之外，本次研究还有不少发现。关于江户四大知名食物，各位读者能从以下句子中，看出多少错误呢？

· 寿司、天妇罗、荞麦面、蒲烧都是从小吃摊开始的。
· 以前没有"荞麦前"这种说法。
· 起初，乌冬面的人气高于荞麦面。
· 蒲烧店不提供内脏汤。
· 蒲烧摆盘端给食客的时候都是插在串上的。
· 卖天妇罗的小吃摊会赠送萝卜泥。

· 天妇罗中有一个特别的种类叫作"金妇罗"。

· 当时没有握寿司搭配红姜吃的习惯。

· 比起握寿司，散寿司更贵。

以上问题，相信各位读者能在阅读本书的过程中找到答案。

本书引用了大量插图和川柳[1]，旨在从视觉和听觉上对江户四大知名食物进行充分介绍。希望各位读者可以以在江户散步一般的心情，在本书中充分体验江户的饮食文化。

此外，本书中引用的句子和诗句，都适当增加了句读，给汉字标注了假名读音，标注送假名，将假名改写为汉字，将片假名改为平假名等。关于假名的写法，本书中有一些与历史上通常的写法不同的情况，但总体上还是依从了引用出处的写法。另外，引用时也有省略、意译、翻译成现代日语等情况。

本书在俳谐、杂俳、川柳下均标注了出处。多次引用的《川柳评万句合胜句刷》的标注省略为《万句合》，《俳风柳多留》的标注省略为《柳》。

---

[1] 日本诗的一种，共 17 个音节，按五、七、五的顺序排列。与俳句相比，川柳没有季语（表示时节的用语）。——译注，下同

序章

饮食业的繁荣与江户四大名食

在《气替而戏作问答》这本绘草纸[1]中，有一幅图生动描绘了天妇罗的小吃摊、蒲烧的街边摊、卖春季鲣鱼的小摊小贩（图1）。该书的作者是当时的人气作家山东京传，绘制插图的是初代歌川丰国，图上标有"文化十三年丙子壬八月稿成"的年代记载。山东京传于1816年九月七日病逝，享年五十六岁。因此这本书应该是他去世前不久完成的。书中记载：

　　　　蒲烧的香气胜过十种香（十种香料混合在一起制成的香）[2]，
　　天妇罗的美味可让人钱财散尽。鸭肉荞麦面、白玉年糕红豆汤的
　　美味不需多言。不止如此，还有魔芋关东煮、大福饼、热腾腾的
　　烤白薯、卷寿司、烤鱿鱼干等，自有各位食客喜欢的口味，保证

---

[1]　江户时代的一种带插图的小说读物。

[2]　引文中括号内容为作者注释，下同。

令九年坐禅终悟道的菩提达摩也食指大动，苦修的文觉和尚也无法无动于衷。吉野的鲜花盛开时再美丽，在肚子饿的时候也比不上一串菖蒲团子。无论杨贵妃和豆腐西施如何美貌，腹中空空如也的时候也比不上小贩夜晚担着卖的一碗荞麦面。鲜花比不上团子，色欲比不上食欲，便是如此。不能觉得赚不了钱大不了不吃了，多赚钱吃遍人间美味才是正道。

图 1　餐饮店的繁荣。图中生动地绘制了天妇罗的小吃摊、蒲烧的街边摊、卖春季鲣鱼的小摊小贩等。(《气替而戏作问答》, 1816)

好一个"鲜花比不上团子，色欲比不上食欲"。两百多年前，江户已经发展成为一个人口数量超过一百万的大都市，饮食业提供的食品可谓是琳琅满目。仅刚才引用的这段文字里面，就有鸭肉荞麦面、天妇罗、蒲烧、白玉年糕红豆汤、魔芋关东煮、大福饼、烤白薯、卷寿司、烤鱿鱼干、菖蒲团子、荞麦面等等。

画中，卖蒲烧的街边摊撑起了"大蒲烧"的招牌，店主烤着蒲烧，旁边叠着一堆笸箩，浅底的桶上面放着案板和菜刀。这些都说明这家街边摊卖的蒲烧是当场把鳗鱼划开烤来卖的。

在卖天妇罗的摊位，客人就站在小摊前面享用刚炸好的天妇罗。食客身旁还画着阎王。正所谓"连阎王都被蒲烧的香味绊住了脚，在六条岔路的路口迷失了方向。天妇罗的美味也让人难以忘怀"，画里的这位阎王爷也正被蒲烧的香味拦住了去路，在六条岔路的路口犹豫不知该不该离开。

而一旁那卖春季鲣鱼的小贩，则一边吆喝着"看啦看啦，新鲜的还活蹦乱跳的鲣鱼啰！还能活蹦乱跳好久哪！卖鲣鱼啰！鲣鱼啰"，一边精神百倍地穿过一条条街道。

正如此图所表现的，当时的饮食业已经在提供各种各样的食品了。而其中在江户人中尤其有人气的蒲烧、天妇罗、荞麦面，则分别由"蒲烧的香味""天妇罗的味道""腹中空空如也时的一碗荞麦面"简洁地表现出各自的特点。在这里我们还没有看到作者提到握寿司（卷寿司倒是提到了），不久之后握寿司诞生，与荞麦面、天妇罗、蒲烧一起，并称为"江户四大名食"。

出生于江户堀江町四丁目（现东京都中央区日本桥小网町）的江户人鹿岛万兵卫（1849—1928）在其所著的记录幕末到明治初期江户生活景象的《江户的夕荣》（1922）一书中，称鳗鱼蒲烧、天妇罗、荞麦面、寿司为"万国无双的江户之味的美食"，并分别介绍了这四大名食的知名店铺。而名作《饮食事典》的作者、生于1881年的本山荻舟也继承了这一想法，将荞麦面、蒲烧、寿司和天妇罗并列为"代表东京的四大食物"，并介绍了它们成为名食的缘由。（《美味回国》，1931）

在江户人的热爱中发展起来的这四大名食，是什么时候诞生并发展成为江户的知名食物的？本书将以这四大名食的商业史为中心，探索其发展的历史。

第
一
章

逆袭成功的荞麦面

一

荞麦面初登场

（一）诞生于木曾的荞麦面

四大名食之中，最先出现的是荞麦面。

将荞麦粒碾成粉状，制作成烤荞麦或是荞麦饼来吃的习惯从室町时代就出现了，但把荞麦粉加工为更好吃的面条状的历史则相对较短。在江户时代，人们把这种食物称为"荞麦切"（そば切り，即荞麦切面）。

"荞麦切"这种叫法，最早记载于天正二年（1574）的《定胜寺文书》。在这之前的天正元年，第十五代将军足利义昭被织田信长流放，室町幕府由此覆灭。"荞麦切"这一名称，正是在织田信长时代的初始登上了历史的舞台。

定胜寺是位于长野县木曾郡大桑村须原的临济宗妙心寺派的古刹，据说是木曾氏于嘉庆年间（1387—1389）建的。江户时代，这里被称为"木曾三大寺"之一。秋里离岛的《木曾路名所图会》（1805）中绘有该寺堂宇全景（图2）。建于桃山时代的该寺的本殿、僧侣住所、山门等，都在1952年被指定为日本国家重要文化财产。

图2 定胜寺堂宇。写有"须原""定胜寺"字样。（《木曾路名所图会》）

根据《定胜寺文书》记载，该寺于1574年二月十日开始进行佛殿和内墙的修复工程，并在三月十六日设宴对五十七名工匠（木匠和锻造匠人）进行了款待（可能是庆祝竣工）。据记载，在这次款待中，千村淡路守的妻子供奉了一个酒壶和一个荞麦袋子，而一个叫金永的人则做了荞麦面来款待大家。

该记载如下：

酒壶一个 荞麦袋子一个 千岛内人

（中略）

招待 荞麦面 金永

《信浓史料》十四

　　荞麦袋子即装荞麦粉的袋子。金永应该就是用袋中的荞麦粉做成了荞麦面来款待修复工程的工匠们，以感谢他们的辛劳。

　　定胜寺所在的木曾谷（长野县西南部）是荞麦的产地。尾张藩的儒医堀杏庵在跟随藩主德川义直（初代尾张藩主）前往日光东照宫的途中，曾沿中山道而上，在1636年四月四日，投宿于木曾谷的赘川客栈（长野县盐尻市，图3）。他在日记中写道："晚上，德川义直藩主赏赐了荞麦面。荞麦面的汤汁是加了少量副食酱（味噌的一种）的萝卜汁，并加入鲣鱼粉、葱和蒜食用。吃得多的人甚至吃了几十碗。"（《中山日录》）。这说明，当时赘川客栈的荞麦面已经到了可以上呈给德川御三家中排名第一的大名享用的水平，而随行人员中甚至有人一口气吃掉了几十碗。

　　俳句诗人云铃在《荞麦面颂歌》中写道："荞麦面，出自信浓之国。本山客栈首创，诸国皆盛赞。"提倡的乃是荞麦面的本山客栈发祥说（《风俗文选》，1706）。本山客栈是赘川客栈以北的另一间客栈，位于木曾谷的入口。不管本山客栈究竟是不是荞麦面的发祥地，该诗的内容至少说明，这里也已经在制作荞麦面了。从定胜寺所在地的须原客栈，到赘川客栈、本山客栈，木曾

图3 贽川客栈。图中有"贽川""到此井江一里半"的字样。(《歧苏路安见绘图》,1756)

谷一带都是制作荞麦面的领先地区。《本朝食鉴》(1697)中记载了"荞麦各地都有,但都不及信州所产",木曾谷所在的信州确是荞麦的著名产地。

而江户的荞麦面店,正是使用了信州产的荞麦粉,并逐渐让荞麦面在江户成为人气食品。

(二)江户的荞麦面

在堀杏庵日记之前,江户就已经有吃荞麦面的记载了。京都的天台宗尊胜院慈性住持，在庆长十九年（1614）二月三日的日记中写道：

> 去过常明寺后，与药树、东光一起去澡堂想要泡澡，但因为人太多而没能进去，只能回来了。之后大家一起吃了荞麦面。（《慈性日记》）

慈性是为了听天台宗辩论而来到江户的。这一天，他在去过常明寺之后，与药树、东光等同伴一起，想去街上的澡堂泡澡。这一年的三浦净心的《庆长见闻集》"汤女澡堂的繁盛"一节中记载："此时街上处处都有澡堂。只要十五文到二十文就可进去泡澡。这些澡堂里通常有二三十个被称为汤女的妩媚女子，为顾客搓澡、冲头发。"该记载生动展示了在当时的江户，街上到处都有澡堂，而且还有很多艳丽的汤女在这些澡堂工作的景象。慈性一行也想去颇有话题性的江户的澡堂泡一泡，结果因为澡堂人太多进不去，只好回去，大家一起得到了寺院的款待，吃了荞麦面。药树指的是近江坂本的药树院（天台宗）的僧侣久运，而东光指的是江户的小传马町东光院（天台宗）的僧侣诠长。款待慈性他们吃荞麦面的，应该是慈性跟久运一起暂住的寺院，或者诠长所在的东光院。

在江户的荞麦面店出现之前，寺院里面就已经在做荞麦面了。再加上前面介绍的定胜寺的荞麦面，可见早期的荞麦面跟寺庙有很深的关系。

宽永年间（1624—1644）似乎已经有人在做荞麦面生意了。1643年五月，因为前一年开始的歉收引发了饥荒，作为对策，幕府对关东地区为中心的治地颁布了十一条法令。其中的第三条内容如下：

> 本年度禁止乌冬面、冷面、荞麦面、素面、包子等的买卖。（《御触书宽保集成》一三〇八）

而在三个月之后的八月份，又再次颁布了同样的禁令：

> 所有村落，一律禁止进行乌冬、冷面、荞麦面、饼、包子、豆腐等会造成五谷浪费的食品的买卖。（《德川禁令考》前集第五，二七八四）

因为被视为会造成五谷的浪费，荞麦面生意被禁。由此可以得知，当时在关东的许多村庄，已经有将荞麦粉原料加工制成荞麦面出售的情况。

（三）荞麦面店的出现

在第三代将军德川家光在位的宽永年间，木曾的赞川客栈已经在向客人们提供荞麦面，而关东的村庄也已经有了荞麦面买卖。作为消费重镇，江户的街市上也应该有荞麦面店了。但事实上，这一点目前尚不明确。

位于浅草、生意颇为兴隆的正直荞麦面店，在其向官府提交的文书（《御府内备考》卷十七"浅草之五 南马道町"）中写道：

> 小民的先祖之义，在宽永年间（略）浅草寺境内，在当时居住的地方，以芦苇围出一块地方，在门板上面放上黑碗，盛着生荞麦面[1]出售。从那个时候起，我们家提供的荞麦面就比一般市面上的便宜，还盛得更多。从那时起我们就在正正当当地做生意了。之后我们建了房子，把房子的右半部分作为居住之所。我们家代代长寿，到如今已经七代相传。宽保三年（1743）春天起，我们也开始卖脱了荞麦壳后再捣粉制成的荞麦面了。
>
> 荞麦面店 勘左卫门
> 乙酉（文政八年）书

当时幕府为了编纂《御府内风土记》，命令町名主提交各町的调查报告。此段正是调查报告中正直荞麦店提交的报告文书。

---

[1] 只打过荞麦粉的荞麦面，或只混合了少量小麦粉的荞麦面。

正直荞麦店是宽永年间浅草寺境内，将盛着生荞麦面的黑碗放在门板上卖的店。他们宣称他们的荞麦面便宜又大碗，做的是正直买卖。

上述记录虽然是宽永年间江户出现了荞麦面店的有力证明，但该调查报告是文政八年（1825）提交的。商店对外宣称的创业年份比实际更早的情况时有发生。斋藤月岑的《武江年表·正编》（1848）中记载着"浅草正直荞麦面店始于延宝元年（1673）"，而加藤曳尾庵的《我衣》（1825）卷一中引用的古书则记载着正直荞麦面店始于享保末年。

因此，根据上述记载虽然无法断定正直荞麦面店始于宽永年间，但我们至少可以对最初的荞麦面店的情况略窥一二。后来，正直荞麦面店因为卖大碗的荞麦面而成为有名的店铺。日新舍友荞子的《荞麦全书》（1751）中写道："浅草马道有荞麦面店，云正直。众多的荞麦面店都往面里加小麦粉，唯有正直荞麦面，绝不混小麦粉，正是应了店名之意气。"

而在小咄本 [1]《鼠之笑》（1780）中，有一则关于正直荞麦的笑话写道：

> 正直荞麦为什么叫正直荞麦呢？如您所见，因为他们正直地每碗都盛很多面，所以正直。但要这么说的话，他们家面里的汤

---

[1] 咄本也写作话本、噺本。小咄本即短篇话本集。

很少，那汤就是说谎吗？

让我们来看一下绘画资料。在描绘了宽永年间江户热闹景象的《江户图屏风》中，神田街道上有一家招牌十分有意思的店。这家店的招牌是把细长的纸条贴在梳子形状的木板上，并让纸条垂下来（图4）。柳亭种彦的《用舍箱》（1841）中《乌冬的招牌》一节写道：

> 过去有些卖乌冬的地方，会在乌冬旁边放着荞麦一起卖。（略）过去的乌冬店都把招牌做成画框状或梳子形状的木板，贴上裁得细长的纸条。而如今这种招牌已经在江户绝迹了。

他的书中记载了四种到享保年间（1716—1736）的乌冬招牌的图画，这些画很像《江户图屏风》里描绘的店家的招牌（图5）。《用舍箱》中介绍说是乌冬店的招牌，但其中记载的《人伦训蒙图语》（1690）中，商店的招牌上写着"乌冬、荞麦"，而《道戏兴》（1698）中，面食店的招牌上写着"乌冬、荞麦、冷面"，能看出这些店也都在卖荞麦面。《江户图屏风》中描绘的这家店，虽然从招牌的形状能判断出肯定是家乌冬店，但有可能既卖乌冬面，也卖荞麦面。

图 4 乌冬店的招牌。把细长的纸条贴在梳子形状的木板上，并让纸条垂下来。(《江户图屏风》，宽永年间）

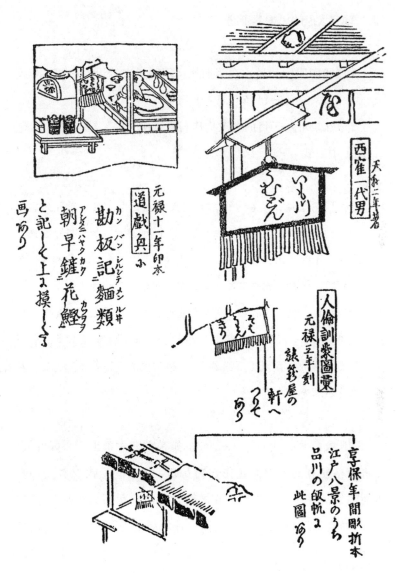

図5 "乌冬的招牌"。描绘了初期的面店的招牌。(《用舍箱》)

(四) 便宜大碗的见顿荞麦面

现在我们明确知道，在第四代将军德川家纲治下的宽文年间（1661—1673），江户已经有荞麦面店了。

吉原江户町一丁目的名主[1]庄司胜富所著的《异本洞房语园》（1720）中记载：

> 所谓媗钝，是在宽文二年秋天的吉日里，在吉原开始出现的一种称谓。在当时的吉原新出现了一种游女，她们招呼往来的客人时十分吵闹，又比局女郎看上去更迟钝，因此人们称她们为"媗钝"。当时在江户町二丁目，有个叫仁右卫门的人在卖乌冬面和荞麦面。他在准备一人份的便当时，在其中加入了荞麦面，以每份五分银钱（约三十三文）的价格出售。他把这种便当比作不怎么值钱的端倾城（下级游女），称这种便当为见顿荞麦面。后来这种荞麦面在市面上广为流行。（文政八年抄本）

这段文字说，出现于 1662 年的媗钝女郎卖不出什么好价钱，便将价格便宜的荞麦面比作媗钝女郎。当时的见顿[2]荞麦面在市面销量甚好。宽文年间，在之前就有的游女等级"大夫""格子""局女郎"以下，又出现了一种等级更低的"媗钝"。此事

---

[1] 一种基层公务员。

[2] 日语中"媗钝"与"见顿"读音相同。

在诸多史料中均有记载。如评价吉原游女的《赞嘲记时之太鼓》（1667）的"低俗之物"一节中就提到了"媗钝"。而《吉原呼子鸟》（1668）一书中"禁止事项"一节提到了"将媗钝带去扬屋"。所谓"扬屋"是指客人将游女从妓楼带出去玩的地方，书中写到的正是禁止将媗钝女郎这样的下等游女叫到扬屋去这一规矩。

一位在享保年间达到八十高龄的老人，写了一本书叫《昔昔物语》（1732 年左右），记录了他从小经历的江户风俗的变迁。其中也有关于荞麦面店的记载：

> 七十年前，没有哪个旗本[1]会吃乌冬面、荞麦面。宽文辰年（四年），出现了见顿荞麦面，都是些下等人才会去买来吃。当时还没有旗本会去吃。而最近几年，连达官贵人们也都在吃荞麦面了。（1770 年抄本）

对比这两段记载可以得知，大约在 1662 年，被比作吉原游女的见顿荞麦面问世，并大受欢迎，街上出现了卖见顿荞麦面的店铺。

在那之后，单碗贩卖乌冬、荞麦面、米饭等食物的方式被称为"见顿"。介绍江户街道的书籍《江户鹿子》（1687）中记载了见顿荞麦面店的种类（图 6）：

---

[1] 中世纪到近代，将军直属家臣中的武士等级，俸禄不及一万石。

见顿屋 堺町　市川屋，中桥大町　桐屋

　　同提重 堀江町　若叶屋，本町（无店名），新桥出云町（无
店名）

　　食见顿 金龙山（无店名），品川　面宝屋，同所　雁金屋，
目黑（无店名）

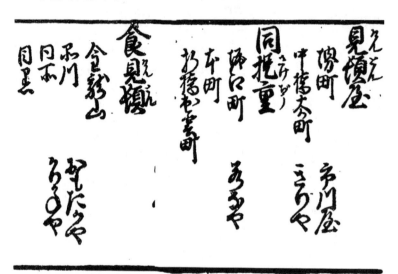

图6　"见顿屋""同提重""食见顿"的店铺。(《江户鹿子》)

　　其中，"见顿屋"是出售单碗荞麦面或乌冬面的店。"同（见
顿）提重"是用食盒盛着见顿荞麦面送外卖的店。而"食见顿"
即"饭见顿"，是一种简易的食堂（一膳饭屋）。

　　西村重长画的《修整水道》（1733年左右）一画中，描绘了
把修整水道时挖出的泥土搬运到堆土场的场景。画面左上方的官

员说："你们一次运得太少了，多装些来啊！"对此，搬运泥土的工匠回嘴道："什么啊，这又不是装见顿。"（图7）这里的"见顿"指的就是盛得满满一碗的荞麦面。

图7 搬运泥土。挑子里的泥土盛得很满。(《修整水道》)

（五）见顿蒸荞麦面

我们现在不太清楚最初的见顿荞麦面是如何制作的。但明确知道从贞享到元禄年间（1684—1704），流行的是蒸荞麦面。

江户初期的荞麦面，是先煮一道，然后用笸箩滤掉水，放入温水中过一下，再放到笸箩上，浇上热水、盖上盖子来蒸（《料理物语》，1643）。或者是先煮，然后迅速过一遍水，放到笸箩上，再把笸箩放到装有热水的桶上，浇上热水蒸（《合类日用料理抄》,1689)。另外根据《黑白精味集》(1746)中的记载,还有一种做法是煮一大锅水,把用纯荞麦面粉做成的生荞麦面一点一点地放入,沸腾一次但尚未第二次沸腾时迅速捞起来过水,放到大笸箩上,浇上热水,再往桶里加上热水,笸箩盖上盖子蒸。

《黑白精味集》的作者是江户川散人孤松庵养五郎。从他的这个笔名以及书中出现的大量江户周边的地名,我们可以推断他是江户人氏。初期的荞麦面粉中没有混合其他材料,直接用纯荞麦面粉来和面,这样的荞麦面很容易断。因此,烹饪荞麦面的时候常常不完全煮熟,煮一下之后就把荞麦面放到笸箩里,把笸箩当蒸笼来蒸熟。与其说是蒸,不如说是荞麦面在高温下自然就被闷熟了。这样蒸熟的荞麦面也被称为"蒸荞麦"。因为最后蒸荞麦的时候把笸箩当作蒸笼用,所以也称为"蒸笼蒸荞麦"。蒸荞麦就是热的荞麦面。柳亭种彦的《还魂纸料》(1826)中记载:

　　蒸荞麦面。《轻薄男子》(1684年左右印本)。旅笼町呀,填饱您肚子的地方。左边也是荞麦店呀,右边也是荞麦店。各位客官呀,您请进,您请进。一碗荞麦面,还不到六文钱呀,不到六文钱。那蒸荞麦面呀,正是起源于此地呀,起源于此地。(原注:下文还提到观音,此地应该是浅草旅笼町)

《轻薄男子》是贞享元年左右的印本(出版),此时距见顿荞麦面出现已经过了二十多年了。从浅草桥往驹形方向,北上奥州街道（现江户通一带）的话，途中会经过旅笼町（东京都台东区藏前二三町目）。从1680年发行的《江户方角安见图鉴》"廿三 浅草鸟越"来看，旅笼町面向奥州街道，两侧都是町屋（商家，图8）。这里街道两侧荞麦面店林立，家家都自称蒸荞麦面的发源地，招揽着来往的客人。

从旅笼町继续北上，便来到了诹访町。这里也有卖见顿蒸荞麦面的店铺。1690年出版的小咄本《鹿之子话》中有一篇题为《见顿乃时间缝隙之虫》的小故事。

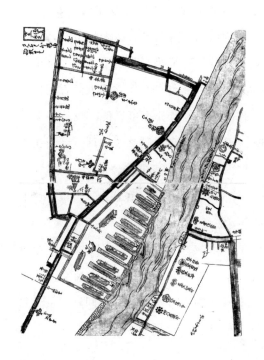

图8 "浅草鸟越"图。从左下到右上的河是墨田川，其左岸为幕府的米仓，再往左即为奥州街道。街道的两边均为町屋，从下往上能看见"旅笼丁"（はたこ丁）、"诹访丁"（スハ丁）、"驹形丁"（こまかた丁）等字样。（《江户方角安见图鉴》）

一个看上去像是中间（一种身份等级，武士门第的从者）的男人路过诹访町附近的街道时，店家向他叫卖道："蒸荞麦面，七文一份啦！"这个男人当时钱袋里只有十四五文钱。但他实在是又累又饿，便决定先进店里吃些东西。他实在是饿坏了，荞麦面一上来，他便风卷残云地一口气吃掉了四份。四份荞麦面是二十八文钱，但他身上只有十四五文。他左思右想该怎么办，最后叫来老板，又点了二十四文钱的酒。喝完酒，他顺手抓了一只身旁的千足虫（一种长得像蜈蚣的臭虫）放到剩下一半的荞麦面碗里，盖上盖子。他又把老板叫来，找了各种借口，并威胁说："我一文钱都不会付的！"老板只是说"这种泼你到别处撒去，在我店里可没用"，丝毫不为所动。这个男人越来越生气，老板便跟他说："你看见我们门口的招牌了吗？我们写着是'虫子[1]荞麦'的啊！有虫子你也没什么可抱怨的！"这男人简直哑口无言。老板接着逼他说："你要是还能有什么可说的，我就一文钱都不收你。"这男人一听，便说："你要是这么说的话，就当我是个油虫吧。"说完便径自走了。

　　"油虫"是指吃白食、享乐不掏钱的人。在这个故事里，这个身份为中间的男人吃饭没掏钱，竟然还能离开，着实令人诧异。不过，只有当故事里的荞麦面是蒸荞麦面时，这则故事才能成立。从插图来看，这家店入口处的展示柜上并排放着盛在大平碗里的荞麦面，碗旁边放着盖子（图9）。故事里的中间是把虫子放

---

[1]　日语中"蒸"和"虫"的发音相同。

图 9　见顿蒸荞麦面店铺。入口处的展示柜上并排放着盛在大平碗里的荞麦面。(《鹿之子话》)

进碗里，盖上盖子，再叫来老板的。由此我们可以得知，那家店是把荞麦面盛在大平碗里，盖上盖子，端出来给客人的。

与《鹿之子话》同年出版的《枝珊瑚珠》中也有一篇附有插图的小故事，以浅草驹形的浅草见顿蒸荞麦面店为舞台，题为《浅草见顿蒸荞麦面》(图 10)。在这则小故事里，闹事的客人捉了两三只苍蝇放到茶碗里。插图里，给客人上菜的托盘上放着一个大茶碗和一个装荞麦汤汁的小碗。《鹿之子话》中那则小故事里荞麦面是盛在大平碗里的，而这则故事里的荞麦面是盛在茶碗里的。看来见顿荞麦面是盛在茶碗或者大平碗里，蘸着汁吃的。

这则小故事的舞台是位于谏访町北边的浅草驹形。从旅笼町途经谏访町到驹形，奥州街道沿路林立着众多的荞麦面店，成为"蒸荞麦之路"。

图 10 "浅草见顿蒸荞麦面"
店铺。托盘上放着一个大茶
碗和一个装荞麦汤汁的小
碗。(《枝珊瑚珠》)

(六)"见顿"名称的消失

"见顿"这一名称原本是指盛得很满的一大碗荞麦面,但后来
慢慢被换成了发音相同的"悭贪"两个字,意指服务态度差、店
家态度冷漠。关于"悭贪",菊冈沾凉在事物起源词典《本朝世
事谈绮》(1734)中有如下记载:

> 所谓"见顿"变为"悭贪",指的是对食客不上心、不为客
> 人服务,甚至招呼都不跟客人打,这种冷漠的样子。或是做的食

物漫不经心又用料俭省，也写作"俭饨"。这一说法比较可信。

原本指便宜又大碗的"见顿"，变成了服务态度差、店家冷漠的意思，给食客的印象变差。于是理所当然地，卖"见顿"荞麦面的店铺逐渐消失了。荞麦面店的招牌也变成"二八荞麦面""手打荞麦面"等。

到江户后期，"见顿"不再作为食物的名称，但"见顿"一词本身并未消失，用来指店家送外卖的时候用的提箱。江户时代的风俗随笔考《守贞谩稿》（1853，1867 年有追记）一书中记载："现在已经没有叫作'见顿'的食物了。但以前见顿荞麦面等餐饮店用来盛食物送外卖的提箱，到现在也被称为'见顿'。"（卷五《生业》）还附有见顿提箱的插图（图 11）。

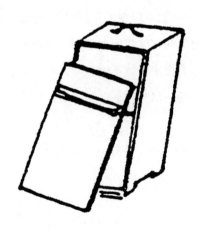

图 11　见顿箱。（《守贞谩稿》）

（七）荞麦面与混合物

最初的荞麦面，在和面的时候不添加任何增加黏性的材料，但逐渐地，混入小麦粉和面的方式普及开来。

关于加入荞麦面的混合物"系"（つなぎ），《料理盐梅集》中《天之卷》（1668）的"荞麦面"一节记载："夏天荞麦粉容易变质。可以加入少许乌冬面粉，如一升荞麦面粉中加入三合。"[1] 可见，当时在不太新鲜的荞麦面粉中加入乌冬面粉是被允许的，大概比例为一升荞麦面粉中加三合乌冬面粉。

就像《本朝食鉴》的"荞麦"一节中记载"夏季伏天之后播种，（旧历）八九月时收获"，荞麦的收获季节是在秋天。夏天荞麦粉容易变质，因此《料理盐梅集》推荐在荞麦面粉中混入乌冬面粉来和面。《料理盐梅集》中有关于江户芝浦海域的海鲜料理的记载，并且很少出现关西方言，再加上江户有八处地名叫作"盐见坂"的地方，因此可以推测作者盐见坂梅庵是江户人（《关于江户时代料理书籍的研究》）。可见在宽文年间的江户，就已经有在荞麦面粉中加入混合物"系"的做法了，不过当时这种做法仅限于夏天。其他季节也在荞麦面粉中加入"系"的做法，要在更晚。

《荞麦全书》中"和荞麦面的各种方法"一节，介绍了以小麦

---

[1] 计量单位，十合为一升。

粉作为"系"和荞麦面的方法：

在和荞麦面时掺入的混合物，自古至今被称作"系"。因为只用荞麦的话很难和好面，所以人们就把小麦粉用来当作"系"。因此在荞麦面店，不是把小麦粉加入荞麦里，而是在小麦粉里加入荞麦面粉来和面。后来这种做法变得很普及。

与《荞麦全书》同年，还有一本叫作《风俗游仙窟》的"浮世草子"[1]在江户出版。这本"草子"讲述的故事是，主人公张文生误入仙乡，遇到了久米仙人。仙人以美酒佳肴款待他，在酒宴中出现了荞麦面（图 12）。

酒宴后半，还有荞麦面的名物。仙人令侍从飞到信浓，须臾之间便带来了手擀的荞麦面。张文生原本就酷爱吃荞麦面，不过因为住在东都，常吃的乃是见顿荞麦面，这种没加入"系"的手擀荞麦面十分稀奇。文生大快朵颐，赞不绝口。

虽然只是故事里的设定，但这段故事描绘了在当时的江户，荞麦面一般都是见顿荞麦面，而不加入"系"的"生荞麦"十分

---

[1] 浮世草子是江户时代产生的一种小说体裁，是日本前期近世文学主要的文艺形式之一，以庶民生活为主题，又称浮世本。创始人是井原西鹤。浮世一词既有现世之意，又有情事、好色之意。

图 12　仙乡盛宴上的荞麦面。图上绘有用见顿提箱送来的荞麦面。还绘有盛荞麦面的蒸笼状物品、荞麦酱汁的容器、装荞麦汤汁的小碗。(《风俗游仙窟》)

稀有。是否像《荞麦全书》中所说，作为“系”的小麦粉竟比荞麦面粉还多，这一点尚且存疑。元禄年间的蒸荞麦面中还没有加入“系”，也就是说在荞麦面粉中加入“系”来和面这种做法，在元禄年间到宽延年间（1748—1751）这半世纪里得到了相当程度的普及。

加入“系”这种做法普及之后，蒸荞麦面就逐渐消失了。但用来蒸荞麦面的笸箩作为装荞麦面的容器，来到了食客们的面前。这就是用来盛笊荞麦面的笸箩及盛荞麦冷面（日文为盛蕎麦）的方形蒸笼。

二

榜单上的荞麦面名店

（一）江户曾经乌冬店更多

1728 年十月三日，"乌冬生意人"们向町年寄（统管江户的町名主的一种公务员）提出要求，希望能结成同行工会。当时，煮卖茶屋和街边摊等也卖面类食品，乌冬面店被这些店抢走了客源。因此，"乌冬生意人"们以煮卖茶屋、街边摊容易引起火灾，而且这些店向无家可归者、小偷提供食物，是滋生犯罪的温床为理由，提出建立自己的同行工会，并承诺如果组成工会，会规范行业规定，将上述商家赶出街区。因为这样的要求会断掉大量做饮食生意的生意人及其家庭的经济来源，这个要求最终没有被许可。在"乌冬生意人"中，似乎有荞麦面店的经营者。他们的请求书中有这样一条：

面类、荞麦面的价格，迄今为止都是按照当季的小麦、荞麦的价格进行调整，绝不会以不合理的高价出售。万一有以不符合原料成本的高价销售的，哪怕只有一家店，不管对其进行怎样的处罚，也绝不会提出异议。我们会安排人每月巡查工会成员的店铺，尽量以低价进行销售。（《正保事录》二一一一）

从中我们可以得知，在享保年间，相比荞麦面店，乌冬面店占压倒性的多数，乌冬面和荞麦面的价格都并非统一定价，而是根据原料价格有所变动。

同一年代出版的《道化百人一首》（享保中期）中有一幅插图，图上一名女性在一家乌冬面店的二层正吃着乌冬面，旁边附有诗句"乌冬面味美，汤汁清爽好口味，畅快一人食"。而在这位女性身后有一位男性，自称是"荞麦兄弟"，正等着点好的荞麦面盛在大平碗里端上来（图13）。所谓"荞麦兄弟"就是热爱吃荞麦面的人。这幅图描绘了爱吃荞麦面的人在乌冬面店里吃荞麦面的景象。

江户初期，乌冬面店也卖荞麦面。柳亭种彦的《用舍箱》中也写到"过去的乌冬面店，在乌冬面的旁边也放着荞麦面来卖"。那之后荞麦面店开始出现，但到享保年间，还是乌冬面店占多数。原因之一，在于二者历史的不同。

图 13　乌冬面店的二层。前面的女性在吃乌冬面，后面的男性则在等着自己点的荞麦面。(《道化百人一首》)

元正天皇在 722 年七月十五日发布了以下这道诏书：

> 今夏干旱少雨，稻苗歉收。全国的官员，应监督、激励百姓多种植晚稻、荞麦、大麦及小麦，收获后进行贮藏，以备荒年。

因为水稻的收获受到了旱灾的影响，天皇便命令各地种植并储藏晚稻、荞麦、大麦及小麦。(《续日本记》)根据这份诏书，我们可以得知，奈良时代日本就已经在种植荞麦和小麦了。若说将作物捣成粉、加工成面来食用，是小麦早于荞麦。"乌冬"这一称呼在日本南北朝时期（1336—1392）就出现了。《嘉元记》(法隆寺的记录）的"1352年五月十日"这条里，下酒菜的记载中出现了"乌冬"（ウトン）的字样。而《异制庭训往来》《新选游觉往来》（均为南北朝时期）等"往来书籍"（初等教育教科书）中也有"餫飩"[1]的记载。与此相对，"荞麦面"这一名称在1574年《定胜寺文书》中的记载已经是现今发现的较早的记载了，其历史比乌冬晚了两百多年。小麦面粉含有一种黏性很强的麸质（一种蛋白质），而荞麦面粉中没有，因此荞麦面粉比小麦粉更难加工成面。可能是人们把擀乌冬面的技术运用到荞麦面粉上，荞麦面才诞生的吧。在江户，越来越多习惯吃乌冬面的京阪地区的人云集而来，因此在有荞麦面卖之后的一段时间里，依然是乌冬面更受欢迎。

另外，在山区农村，虽然荞麦面是节日里吃的食物，但正如722年的天皇诏书反映出的，荞麦被看作救荒作物。而在江户等大城市，正如《昔昔物语》中记载的"宽文辰年（四年），出现了见顿荞麦面，都是些下等人才会去买来吃。当时还没有旗本会去吃。而最近几年，连达官贵人们也都在吃荞麦面了"，一段时间内，荞麦面被视为下等人吃的食物，这也是当时乌冬面店更占优势的原因之一。

（二）荞麦面的名店涌现

八代将军德川吉宗的享保年间是乌冬面店更占优势的时代。

---

[1] 日语中"餫飩"同"ウトン"（乌冬）。

即使如此，当时也出现了荞麦面的名店。菊冈沾凉所著的江户地方志《续江户砂子》（1735）中"江户名产"一节，介绍了荞麦面的名店：

葫芦屋荞麦面，卖"舟切"的名店，麹町四丁目，葫芦屋佐右卫门。

杂司谷荞麦面店，杂司谷鬼子母神门前茶屋。

同一区域草丛中的荞麦面店，神社所有地东边，在茶屋町外的草丛中。

洲崎的荞麦面店，深川洲崎弁天町，伊势屋伊兵卫。

道光庵的荞麦面店，浅草的称往院中有一座道光庵，庵主天生爱吃荞麦面，自然而然也就学会了做一手好吃的荞麦面。因为是僧人，所以他们在做汤汁的时候不会使用鱼类，做出来的汤汁比较辛辣，后来这变成了他们的成规。他们的荞麦面粉又白又美味。茶店里没他们这道荞麦面，都难以招揽客人。如果有特别喜欢荞麦面的客人说想吃的话，他们也会现给客人做。到如此程度，令人感叹。

以上这些荞麦面店都发展成了名店，其中有些店铺至今都颇有影响力。

（三）葫芦屋荞麦面

葫芦屋荞麦面店是一家以"舟切"闻名的店。越智久为的《反古染》（1753—1789）中提到享保年间糀町出现了一家名为葫芦屋的见顿荞麦面店，这家店"把煮好的荞麦面放到铁丹漆的盒子里，汤汁放在小瓶子里"送到客人面前。所谓"舟切"，似乎是指把生的荞麦或乌冬放进长方形的浅底木箱里，但葫芦屋是把煮好的荞麦面放进铁丹漆的盒子里来送外卖。

在《江户名物鹿子》（1733）的"糀町葫芦屋"一节中，插图上画着荞麦面店家挑着扁担去送外卖的样子。扁担后面挑着的箱子上画着葫芦的商标，里面放的应该是"舟切"木箱，而扁担前面的箱子应该是收纳着装蘸料汁的瓶子（图14）。江户时代，很多

图14 糀町葫芦屋。图中有诗句"春驹（一种上门表演的技艺）艺人行，张果老的鞭子响，荞麦筛子晃"（春駒に張果か鞭や蕎麦篩）。（《江户名物鹿子》）

荞麦面店都有外卖的业务，而葫芦屋应该是较早开始这项业务的。

葫芦屋后来变得十分有名，甚至还出现了"麹町之地，葫芦里变荞麦"（万句合，1777）等诗句，以及"葫芦里变出了小马驹"[1]等谚语。

葫芦屋后来也一直在糀町四丁目开店营业。方外道人所著的《江户名物诗》（1836）中提到"葫芦荞麦面店，四丁目，卖乌冬面、荞麦面，其店名在麹町十三町内都如雷贯耳。其店的外卖送到千家万户，每日生意都十分兴隆"，正是记录了葫芦屋生意兴隆的样子。

1848年出版的江户饮食店广告集《江户名物酒饭手引草》中有一则广告"御膳，荞麦面，葫芦屋喜左卫门"。而在1853年出版的《细撰记》"手擀荞麦面店七"中，葫芦屋的名字也出现在排行榜的前列（图29）。葫芦屋作为专门送荞麦面外卖的店，生意一度十分兴隆。但根据《麹街略志稿》（1898年左右）的记载，"（葫芦屋的荞麦面）虽然是享保年间以来的名物，但到嘉永末年就关门了"。嘉永这一年号在嘉永七年（1854）十一月改元为安政，也就是说，葫芦屋到嘉永六年还在营业，后一年就关门了。这结局实在令人唏嘘，也有些令人怀疑的地方，但确实在嘉永之后的相关记载中就看不到葫芦屋了，大概葫芦屋确实是在嘉永末年突然关门了吧。葫芦屋作为"舟切"荞麦面的名店，从享保年间

---

[1] 瓢箪から駒。日本谚语，指完全意想不到的、不可能的事情。

（1716—1736）到嘉永年间（1848—1854），兴盛了一个多世纪。

（四）杂司谷荞麦面

比《续江户砂子》更早出版的《江户砂子》（1732）中，介绍了杂司谷荞麦面："鬼子母神之前，乃是茶屋町，其荞麦面正是此地名物。"当时，杂司谷鬼子母神[1]的香客云集此处，而位于寺庙前的这家荞麦面店因此顾客盈门。在《江户名所百人一首》（1731年左右）中，有插图上绘制着该店的景象。这家店的招牌上写着"名物荞麦面"，店门前展示着擀面和面的过程（图15），因此吸引了往来客人的注意，生意非常好。此外，有川柳云：

そばを喰ながら直をする風車
边吃荞麦面，边估风车值

万句合　1770

此句讲的正是鬼子母神庙门前这家荞麦面店，客人们一边吃荞麦面，一边给玩具风车估价。风车是杂司谷鬼子母神庙的特产，甚至到了一说到风车人们就想起杂司谷的程度。

---

[1]　保佑顺产、孩子健康成长的神明。

图 15　杂司谷荞麦面。招牌上写着"名物荞麦面"。(《江户名所百人一首》)

　　这家荞麦面店叫作"橘屋"。杂司谷居民所著的《若叶之梢
（下）》（1798）中记载："橘屋忠兵卫名叫元源助。此店在榉树林
间，先是卖些团子、茶水，后来卖荞麦面，一举成名，生意十分
兴盛。"这里讲的正是橘屋从卖团子开始，到卖荞麦面之后终于
成功，生意兴旺。不仅如此，橘屋还被指定为纪州家[1] 本阵[2] 的
料理茶屋。《江户买物独案内》（1824）中有"御成先御用宿，纪
州御本阵，御料理橘屋忠兵卫"的记载（图 16）。而《江户名物酒

[1]　纪州德川家，江户时代统治纪伊国、伊势国的德川家一系。

[2]　江户时代大名、旗本、官员等指定住宿的场所。

饭手引章》（1848）中也提到"杂司谷，会席即席御料理，橘屋忠兵卫"，由此可知，橘屋荞麦面店经营了一百年以上。

图16　发展为纪州家本阵的杂司谷荞麦面店。(《江户买物独案内》)

（五）竹林中荞麦面店——"薮荞麦"的始祖

"竹林中荞麦面店"指的是杂司谷鬼子母神庙附近竹林中的一家荞麦面店，是现在经常可见的"薮荞麦"[1]的始祖。《荞麦全书》中记载道：

竹林中的这家荞麦面店，位于杂司谷路边，店家在竹林中有一间小屋，制作、贩卖荞麦面。他家用纯荞麦面粉来和面，因此大受欢迎。有人自己带着蘸料酱汁去吃他家的荞麦面。这是因为他家的

[1]　指荞麦去壳后，不去表皮打成粉，用这种粉和出的荞麦面呈淡绿色。

荞麦面十分美味，但酱汁却不怎么样。这家店如此经营了很久。直到现在，仍偶尔有人谈起这家荞麦面店，但几乎没有人称赞这家店了。这是因为荞麦面越来越流行，做得好吃的店也就越来越多了。

书中说这家荞麦面店的酱汁味道不怎么样，但因为和面是用纯荞麦面粉，所以曾经非常受欢迎，甚至有人拿着酱汁跑去这家店吃荞麦面。虽然《荞麦全书》里说制面技术好的荞麦面店越来越多，所以这家店的人气滑落了，但后来这家店努力恢复了自己的名声。在给江户的名物排名的《土地万两》（1777）的"面类"部分，排第三位的就是"风情　薮荞麦　杂司谷"（图17）。

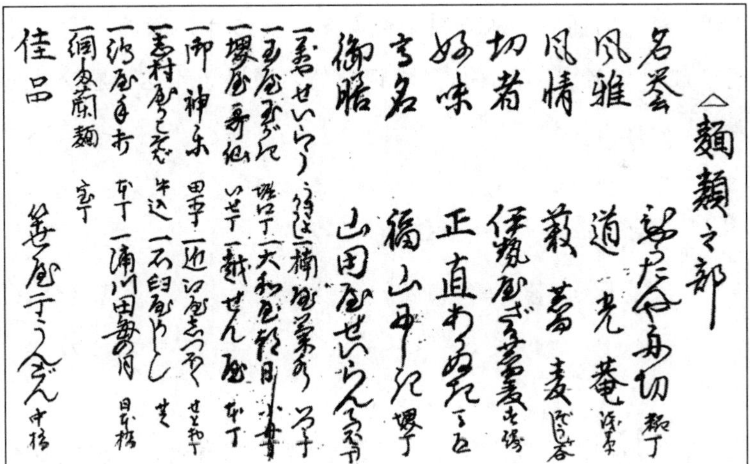

图 17　薮荞麦面店。右三写有"风情　薮荞麦　杂司谷"字样。图上还能看到"葫芦屋舟切""道光庵""伊势屋凉荞麦"等店名。（《土地万两》）

薮荞麦店最初是在农家土地的角落卖些乡下荞麦面，但在安永年间（1772—1781）已经被改造为颇有风情的茶屋风格的店铺，以此挽回了人气。《若叶之梢（下）》中记载道：

薮荞麦面是杂司谷的名物，名为橘屋勘兵卫。去（鬼子母神庙）参拜的香客经过的时候点好要吃的，回来的时候荞麦面就做好放着了。最初还只是一家农家店，不是正式的商人经营的店铺，现在已经变成了茶屋一样的店铺。现在很多地方都出现了叫薮荞麦的店铺，但其来源正宗是杂司谷这家。

宽政年间，薮荞麦的名声越来越响，其他地方也出现了自称"薮荞麦"的面店。从史料记载看来，1815年出版的饮食店排行"江户华名物商人评价"中记载的"深川薮荞麦"是较早的例子。

薮と笹とで名の高ひそばうどん

薮荞麦，笹屋乌冬两店齐名，皆是美食。

柳九六　1827

这首川柳讲的是，有名的荞麦面店要数薮荞麦，有名的乌冬面店要数笹屋。此诗中的"薮"到底是指杂司谷那家，还是深川那家，现在已经无法断明，但至少说明当时的薮荞麦面店已经成为代表性的名店。而"笹屋"指的是下总行德（千叶县市川市）的乌冬面名店"笹屋乌冬店"。这家店在《土地万两》中因"佳品 笹屋干乌冬，中桥"而榜上有名。而在同年出版的名物评价指南《富贵地座位》"江户名物篇"的面类部分，更是被评价为最高一级的"上上吉"（图18）。笹屋在京桥中桥一丁目也开了分店，卖干乌冬面。

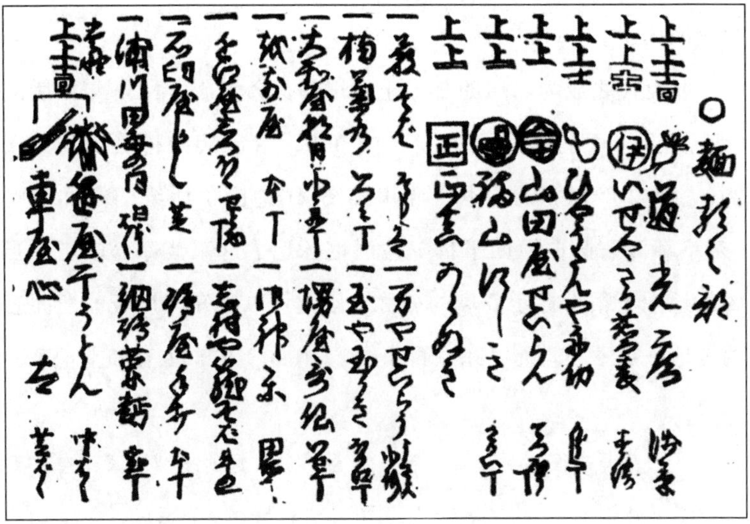

图 18　笹屋干乌冬。左二为"上上古　笹屋干乌冬"。而最右为"上上吉　道光庵"，接下来是"伊势屋凉荞麦""葫芦屋舟切"等店名。（《富贵地座位》，1777）

而在薮荞麦面的名字出现九十多年之后，又有川柳云：

子を捨る土地にやぶそば打て付

弃子之地，薮荞麦

柳八六　　1825

鬼子母神是生产、育子的神明。"弃子之地，薮荞麦"指的应该是杂司谷的那家薮荞麦面店。由此可知，杂司谷的薮荞麦面店直到这句诗写作的时期还在营业，但那之后的史料中就没再出现过这家店了。

取而代之成为名店的是位于深川的薮荞麦店。1853年出版的《细撰记》"手打荞麦面七"这一节中，这家店的排名颇高（图29）。1852年刊登的《本所深川绘图》（地图）所绘的元加贺町（东京都江东区白河四丁目）地区也标记了这家薮荞麦面店。当时的地图上很少标示商店的名称，因此可以得知深川薮荞麦面店的占地一定不小。而《东京百事便》（1890）中，也有如下记载：

薮荞麦面在灵岸寺背面。原为历史久远的士绅之家，在夏天会开放浴室，供食客使用。另有一古池塘，亦可垂钓。

在《东京名物志》（1901）中也可以看见同样的描述。因为这家店十分有风情，因此"有很多食客专门从日本桥、京桥附近赶来"。这家店不仅庭院里有一个很大的池塘，而且还能让食客在店里入浴，店铺的规模甚至胜过当时的料理茶屋。但"可惜的是，这家店在明治末年不见踪迹了"（《荞麦通》，1930）。

除深川薮荞麦面店之外，还有一家位于团子坂的薮荞麦面店也十分有名。这家店的正式名称叫作莺屋。西原柳雨的《川柳江户名物》（1926）中"团子坂荞麦面"一节中记载：

团子より坂に名高き手打蕎麦

团子坂上名店，手工荞麦面是也

文政年间（1818—1830）

文献中虽然只标注了此首川柳出现的时间是文政年间（1818—1830），具体的出处不明，但可以得知在此时期，这家店已经非常有名了。江户后期的汉学家松崎慊堂于1833年十月五日留下了"回程路上去了团子坂的莺屋，吃了荞麦面"的记载（《慊堂日记》）。

莺屋在此之后继续发展。《东京百事便》中记载：

薮荞麦面店，在团子坂上。眺望田野的风光最佳，庭院前又有古石青苔，幽静座席多处，环境闲静，其趣风雅。

此处记载的是店内庭院里的石头上长着青苔，又有多处幽静的座席，这家薮荞麦面店的规模和环境毫不逊色于料理茶屋。

1907 年 4 月号的《月刊食道乐》中有"可惜的是，团子坂的薮荞麦面店已不在，现在只剩一家位于连雀町的分店"的记载。这说明茑屋在 1907 年以前就停业了。连雀町的分店则是在 1880 年由堀田七兵卫接手。团子坂本店停业之后，他接过了店号继续营业，造就现在的"神田薮荞麦面"。

（六）洲崎的荞麦面店——笊[1]荞麦面的始祖

"洲崎的荞麦面店"指位于深川洲崎的第一家卖笊荞麦面的店，店名叫作伊势屋伊兵卫。《俳谐时津风》（1746）中有诗云"深川笊荞麦，等面须耐心。枯坐打瞌睡，梦中闻鸟鸣"（图 19）。而《荞麦全书》中有如下记载：

> 深川洲崎辩财天地界里有一家荞麦面店，最初因为主人家的寡妇在送外卖，而被称为寡妇荞麦面。而后因为这家店是把荞麦面放在笊上端出来卖，所以现在被叫作笊荞麦。最开始只是一家粗鄙的小店，因为深受人们欢迎，现在生意十分兴旺。他家的荞麦面非常好吃，但也很贵。

---

[1] 用竹片编制而成、浅凹陷的厨房容器，用于清洗、沥水。类似笆箩。

图 19 "深川笊荞麦面"。图上有"深川笊荞麦，等面须耐心。枯坐打瞌睡，梦中闻鸟鸣"的诗句，二楼的客人正一边眺望着窗外，一边等着荞麦面。(《俳谐时津风》，1746)

这里说的是这家荞麦面店把面盛在笊上而被称为笊荞麦，虽然面十分美味，但价格不菲。同年出版的《江户鹿子名所大全》中也记载道：

> 笊荞麦，深川洲崎，伊势屋伊兵卫。因把面盛在小笊上而被称为笊荞麦。面色白，色泽佳。

这里说的也是这家荞麦面店把面盛在笊上端给食客而被称为笊荞麦。面的颜色很白，色泽很漂亮。当时的荞麦面店，通常把面盛在大碗或者茶碗里提供给食客，而这家店则是把优质的荞麦面盛在笊上提供给食客。这个创意大受欢迎，一时间颇有话题性，这家店也成为深川的名店。随后又出现了一些模仿这一做法的荞麦面店。《荞麦全书》中记载"本町一丁目横町，有一家叫作越前屋荞麦面的店，因为把面盛在笊上而得名"。

伊势屋荞麦面在《富贵地座位》（图18）中排名靠前，仅次于道光庵。这家店的店面后来足有上下两层，规模可观（《东育御江户之花》，1780，图20），但随后开始显出衰败之相。连在深川长大的官员都说"现在洲崎的笊荞麦也只是名头响罢了"（《古契三娼》，1787）。最终，在1791年九月，因为受海啸之灾，这家店也关门停业了（《武江年表》）。

即使如此，笊荞麦还是被继承下来，直到现在，各个荞麦面

图20　伊势屋笊荞麦面店。店铺位于洲崎辩财天地界的右侧，立着"笊荞麦面"的灯笼招牌。（《东育御江户之花》）

店都还在提供这种做法的荞麦面。原本只是在蒸荞麦时用的笸箩，就这样登上了餐桌。

（七）道光庵的荞麦面——被称为"庵"的荞麦面店的始祖

"道光庵的荞麦面"指道光庵提供的荞麦面。道光庵位于浅草寺以西，是面向新堀川（今河童桥道具街大道）的称往院的子院。据《续江户砂子》记载，庵主是个知名的荞麦面手艺人，为了满足爱吃荞麦面的香客的要求而开始提供荞麦面，后来这个习惯一直保持了下来。

人们口耳相传，寻来此处，都是想要尝尝这里提供的荞麦面。因此每天人来人往，络绎不绝。到如今，制作荞麦面的已经是这家的第三代荞麦面手艺人。现在依然有很多喜欢吃荞麦面的人找上门来。原本是寺院的此处，变得好像是荞麦面店一般。（《荞麦全书》）

这段记录了道光庵的盛况。《续江户砂子》是在 1735 年出版的，而《荞麦全书》写就于 1751 年。也就是说，在这十六年间，著名的荞麦手艺人已经在这家传了三代，道光庵也从寺院变得像真正的荞麦面店一般。

在此之后，道光庵的名气越来越响。《绘本浅紫》(1769)中记载了其繁荣的样子："荞麦面尤其在江户大为盛行。其中尤以浅草道光庵的手擀荞麦面最为著名。"（图21）

　　浅草のあんしつ（庵室）へそば喰に行き
　　去浅草的寺院吃荞麦面

万句合　1771

从这首川柳中可以得知，此时的道光庵已经与荞麦面店无异了。

在刚才介绍的《富贵地座位》"面类"的排行榜上，道光庵和

图21　道光庵的荞麦面之宴。(《绘本浅紫》)

笹屋的干乌冬面一起高居榜首（图18）。

道光庵像荞麦面店一样的状态持续了多年。但最终母寺院称往院决定禁止其下辖寺院内做荞麦面生意，并在寺院门前立下了禁止卖荞麦面的石碑。道光庵的荞麦面生意也就因此停了下来。《武江年表》的"天明元年"（1781）条中记载：

> 近年来，浅草称往院中道光庵一直在制作荞麦面，食客日益聚集，已与普通饮食店无异。因此本寺决定停止其荞麦面店的经营。

道光庵的荞麦面生意在持续了大约半个世纪之后结束了，但其名声太大，以至出现了一些荞麦面店用"庵"字取名。《古今吉原大全》（1768）中"群玉庵的荞麦面颇有名气"应该是关于这类荞麦面店较早的记载。而1787年出版的介绍江户食物的册子《七十五日》中，五六家荞麦面店里就有四家店名使用了"庵"字，比如东向庵（镰仓河岸龙闲桥）、东翁庵（本所绿町）、紫红庵（目黑）、雪窗庵（茅场町药师前）等。

在此之后，店名用"庵"的荞麦面店越来越多。到临近幕末时期的《江户名物酒饭手引草》（1848）的时候，已经有新生庵、出世庵、东桥庵、春月庵（两家）、松露庵、正直庵、驹笹庵、松桂庵、田中庵、泉松庵、清好庵、小泉寿庵、东寿庵、升月庵、利久庵、三桥庵、正清庵、利休庵（两家）、东月庵、清

荞庵、千秋庵、松寿庵、荣松庵、福寿庵等。在其记载的 170 家
荞麦面店中，店名用"庵"的多达 26 家。

顺便一提，在《富贵地座位》"面类"的排行榜中，在道光庵
之后，"伊势屋笊荞麦"和"葫芦屋荞麦面店"也排名高位，"薮
荞麦面店"亦是榜上有名（图 18）。

三

名字来源众说纷纭的二八荞麦面

（一）二八荞麦面

江户的荞麦面店开始在店前摆出"二八荞麦面"的招牌（图22）了。关于"二八荞麦面"这个名称的来历，有两种说法，一种是说它反映了荞麦粉和小麦粉的混合比例，另一种是荞麦价格说。在此我们先来研究一下，究竟哪种说法才符合江户时期的实际情况。

图 22　摆出了"二八　荞麦　乌冬"灯笼招牌的荞麦面店。（《种瓢》十五集，1844—1848）

"二八荞麦面"这种叫法在二八荞麦面的名店出现之前就有了。记录了这一时期社会风俗的《享保世说》（原年代不详，江户后期的影印本）中记载：

（一）"现在流行的是大久保佐渡守和二八见顿。"（卷八，1726）

（二）"还不错的东西：吉原的二八荞麦面和金春大夫。"（卷十，1728）

（三）"落书[1]五首"中有"外卖的即食麦饭二八荞麦面味噌的凭春焙茶"。（卷十一，1729）

其中，（一）列举当时流行的事物时提到了大久保佐渡守常春。常春在前一年（1725）的"十月十八日，加授了五千石，被迁往下野国那须、芳贺两郡，并领鸟山城，共享有两万石"（《宽政重修诸家谱》），因而名噪一时。这件事在《享保世说》卷七（1725）中也有记载：

十一月，大久保佐守渡被加封五千石，领下野鸟山城之地。明明是佐渡守，却没能去得了金山，而是去了鸟山，也许是因为大久保与鹰有缘吧。

---

[1] 批评讽刺政治、社会、个人等的匿名文章。盛行于日本中世至近世期间。

1725 年十月，大久保佐渡守被任命为鸟山藩主。明明是佐渡守，却没去成佐渡的金山，而是去了鸟山，揶揄这件事的狂歌是在第二年十一月写成的，跟《宽政重修诸家谱》的记载相吻合。《享保世说》的作者、写成年份都不详，但除了刚才提到的能与《宽政重修诸家谱》相印证的内容外，跟享保时期编纂完成的《享保通鉴》的内容也有一致之处，因此可知《享保世说》的内容是有可信性的。当时，二八面的流行，也一定跟常春升官这件事一样，成为社会话题。

"二八见顿"指的是二八荞麦面和二八乌冬面。越智久为的《反古染》中记载道："享保中期，神田附近有店铺打出了'即食二八面'的招牌，提供即食的荞麦面和乌冬面，颇受欢迎，之后把面跟其他的菜肴一样放进食盒里。其后还有一八、二八、三八等。"

这段记载说的正是在享保中期，有店家打出了"即食二八面"的招牌，而这种销售即食荞麦面、乌冬面的店变得相当流行。

"二八"这一叫法来源于九九乘法口诀中的"二八十六"，意即十六文钱。当时出现了《反古染》中记载的用九九乘法口诀来表示荞麦面、乌冬面价格的店铺。在浮世绘画家西村重长绘制的《绘本江户土产》（1753）中，两国广小路上出现了打着"二六新荞麦、乌冬"招牌的荞麦面店和打着"二六素面、荞麦面"招牌的小吃摊（图 23）；而在浅草并木町（雷门前）有打着"二八荞麦面"招牌的荞麦面店（图 24）；在芝切大道则有店铺打出了"二八荞麦、乌冬"的招牌（图 25）。

图 23 "二六新荞麦、乌冬"的店铺和"二六素面、荞麦面"的小吃摊（两国广小路）。(《绘本江户土产》)

图 24 "二八荞麦面"店铺（浅草并木町）。(《绘本江户土产》)

图25 "二八荞麦、乌冬"（芝切大道）。(《绘本江户土产》)

　　当时还出现了卖一八乌冬面的店铺。《感跖醉里》(1762)中记载："即使存下了万贯家产，最终还不是进棺材了事。钱只有六文，连一碗一八乌冬都不够。"

　　因此"二八"指的是荞麦面的销售价格。

　　（二）说的是"吉原的二八荞麦面"店店员大声揽客的样子。我们可以得知"二八荞麦"这一称呼出现的具体时期。当时的荞麦面可能是只用荞麦面粉和成的。若当时的店铺专门宣传他们和面时用了"系"，这种行为可谓费力不讨好，所以这句话我们理解为吉原的店铺员工大声喊着十六文钱就能吃到荞麦面来招揽客人，似乎更为妥当。

（三）列举了一些当时饮食业界的新动向，这其中就包含荞麦面。在 1728 年，荞麦面的价格还各不相同的时候出现了明确表示卖十六文钱的店铺，想来话题度颇高。

根据《享保世说》，"二八"应该就是荞麦面的销售价格。

（二）"二八"为荞麦面的销售价格

还有一种看法认为"二八"表示的是面粉的混合比例。这种主张的理由之一是"二八荞麦面"这种说法出现的时候其售价并非十六文钱。的确，如果我们考察"二八荞麦面"出现前荞麦面的价格的话：

（一）1662 年左右，吉原附近卖的荞麦是银目[1]五分（《异本洞房语园》31 页）。

（二）1668 年左右，收集、记录了江户流行事物的短歌集《当今之流行》(当世はやりもの) 中提及"八文一碗的见顿店"（《还魂纸料》）。

（三）1684 年的荞麦面的价格为大约一碗六文（《轻薄男子》35 页）。

---

[1] 江户时代银币单位。

（四）1690 年的蒸荞麦面的价格为一份七文（《鹿子之话》36 页）。

（五）1726 年小吃摊卖的荞麦面是六文（《轻口初笑》96 页）。

然而，以上内容也可以做如下理解：

（一）这一项中的"银目五分"，按照当时的官方汇率计算约等于三十三文，大约是"二八荞麦面"十六文钱的两倍了。但《异本洞房语园》中有"准备好一人份的便当，其中加入荞麦面，每份卖银目五分"的记载，也就是说，在吉原售价三十三文的不是一碗面，而是包含了荞麦面的套餐。另外，我们还需要把吉原是风化场所这一因素考虑进去。因此这一项也可以理解为定价十六文的单碗荞麦面在吉原因为价格低廉而广受好评。

（二）到（四）的六到八文都说明那时的荞麦面并不是卖十六文。这些城市卖的荞麦面，可能是在享保时期涨价的。元禄八年（1695）以及宝永三年至七年（1706—1710），幕府重新铸造了货币，大幅减少了货币中的金银含量，这一行为使得物价上涨。根据《江户日用品零售物价表》，1710 年到 1716 这六年间，江户的白米和味噌价格上涨到之前的 2.1 倍，酱油、醋和酒类的价格分别上涨到此前的 2.6 倍、3 倍和 2.8 倍（《近世后期的主要物价动态》）。所以荞麦面的价格上涨到十六文也不是什么怪事。或者不如说，只有在那个通货膨胀的时代，把"二八"（十六文）作为招牌打出来的经营策略才能成功地成为社会话题。

而第（五）项是小吃摊的荞麦面的价格，应另作考虑。正如接下来要提到的，小吃摊卖荞麦面这种行为出现在贞享年间（1684—1688），而小吃摊的荞麦面卖到十六文钱则大概是宽政年间（1789—1801）的事。

因此我们可以认为，在这一时期"二八"是用来表示荞麦面价格的。

"二八荞麦面"出现后，正如"归途之中，一碗十六文的荞麦面，以享口腹"（《白增谱言经》，1744）说的那样，荞麦面成为江户市民可以轻松负担的一种食品。有川柳云：

そば切やばかり看板九九で書き

只有荞麦面店，九九口诀起面名，写就招牌揽客人

锦江评万句合集　1766

这首川柳的后一句是"粗鄙否，粗鄙否"（げびた事かなげびた事かな）。也就是说，当时的评论认为荞麦面店用九九乘法口诀的形式来写自己的招牌是一件粗鄙、毫无风雅的事。

荞麦面店就是在世间的揶揄之中，靠着以九九乘法口诀的形式标示价格这种独特的营销方式在当时的商业世界中占有了一席之地。之后渐渐地，"二八荞麦"以外的招牌越来越不常见，到黄表纸[1]《花之御江户》（1783）中，荞麦面店普遍都打出了"二八"的招牌（图26）。

---

[1] 江户中期以后流行的一种绘本。

图 26 上野山下的二八荞麦面店。(《花之御江户》)

新見世のうちは二八にわさびなり

新店开业，二八荞麦面，佐以山葵粉

万句合 1786

这首川柳说的是一家二八荞麦面店在刚开业的时候用昂贵的山葵来做调料，以此收到宣传效果，继而讽刺这家店后来改用辣椒粉，导致品质下降。当时有诗云"二八十六面一碗，二九十八酒三杯，四五二十团子四串"（《九界十年色地狱》，1791）。

（三）被迫降价的二八荞麦面

在大多数荞麦面店都卖十六文钱一份面的时候发生了一件事，令这些店铺不得不更换掉"二八"的招牌。松平定信领导的宽政改革，让荞麦面的价格被迫下降。宽政三年（1791）三月，町奉行所[1]为了降低众多商品（除了大米以外）的价格，任命了62名名主为"诸色挂"来完成降价这项任务。而得到奉行所命令的这些"诸色挂"都尽力去完成任务，因而：

大家一致要求降低武家零工的酬劳。烤鳗鱼串原本八文钱，按他们要求降价一文，变成七文。二八荞麦面、乌冬面、安八庵的红豆汤、杂煮年糕每份被要求降价到十四文钱。尤其是二八荞麦面的店，还被要求把挂出来的纸灯笼上的字改为二七荞麦面。

成功让店铺降价的功绩，给这62名官员带来了每人金两百匹

---

[1] 近世武家的行政机构，主要负责所辖领域的行政与司法。

（两千文）的奖赏。

荞麦面店的纸灯笼上的字被迫改写为"二七"（十四文钱），其结果又如何呢？在松平定信的亲信水野为长所著的关于宽政改革情况的《良之册》中，"宽政三年四月"一条有如下记载：

> 这些原本定价为二八的荞麦面，这次被迫降价为二七。店家因此减少了每份的分量，而食客也都十分精明，还是会要求店家给盛二八的分量。

可以看出，荞麦面店以减少每份分量的方式来应对价格的被迫下调。

（四）荞麦面店的菜单

荞麦面店就这样应对了宽政改革中降价的要求。而在 1793 年七月，松平定信被免除了老中 [1] 一职，宽政改革到此结束。就这样，荞麦面店恢复了二八的定价。有川柳云：

---

[1] 在江户幕府的职务制度中拥有最高地位和资格的执政官，直属于将军，一般是从二万五千石以上的谱代大名中选出，共四或五人。

おそばは二八おひねりは二六なり

荞麦面二八，御捻二六

柳三七　1807

所谓"御捻"是指供奉神佛时用的拿白纸包的钱，通常是十二文。这首川柳讲的是与供神佛用十二文一样，荞麦面卖十六文也成为常识。这一年刊发的《仇敌手打新荞麦》中，描绘了新开业的荞麦面店的内景，店前竖立着二八的招牌（图27）。

感和亭鬼式的《旧观贴》三编（1809）中记载了一个故

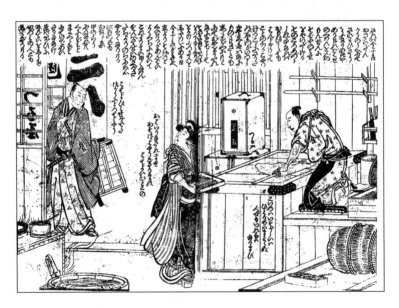

图27　二八荞麦面店。店前竖立着"二八"的灯笼招牌。（《仇敌手打新荞麦》，1807）

事。一个向导带着四个从乡下来的人在江户游览，去了一间挂着"二八荞麦面"纸灯笼的荞麦面店，每个人都吃了两碗面。到了结账的时候，他们因为不懂"二八"的意思而起了争执。一个人说"因为叫二八，所以一碗面是四文钱，两碗就是八文钱"，另一个人则说"你笑死我了。二八说的是一份卖二八一十六文钱"，让他们付足了钱。

文化、文政年间（1804—1830）是二八荞麦面的时代。十返舍一九在《金草鞋》十五编（1822）中描绘了龟户的荞麦面店，店门口立着写着"二八"的纸灯笼招牌。隔扇的纸灯笼上有些菜单，能看到"卓袱""鸭南蛮""素面""花卷"等（图28）。由此我们可以一窥当时二八荞麦面店的菜单。而《守贞谩稿》卷五《生业》中有如下记载："御膳大蒸笼每份四十八文，荞麦面每份十六文，浇卤乌冬面每份十六文，加浇头每份二十四文，天妇罗每份三十二文，花卷每份二十四文，卓袱每份二十四文，玉子缀每份三十二文。"以上记载的是贴在荞麦面店墙上的菜单，还有如下说明：

加浇头　在荞麦面上加蛤蜊贝肉

天妇罗　加三四个炸芝虾

花卷　加上烤过的浅草海苔

卓袱　跟京都、大阪地区一样（京都、大阪地区的卓袱是在乌冬面上加鸡蛋卷、鱼板、香菇等浇头）

玉子缀　淋上蛋液

图28 二八荞麦面店。灯笼招牌上写着"二八荞麦""千客万来",挂着的灯笼上写有"卓袱、鸭南蛮、素面、花卷"等字样。(《金草鞋》十五编)

另有鸭南蛮，即鸭肉加葱。多为冬季食用。

还有亲子南蛮，即在鸭肉上加鸡蛋蛋液。想来说是鸭肉，更多用的是雁肉等其他肉吧。

（五）二八荞麦的价格变化

幕府在 1837 年再度下令要二八荞麦面店降价。"正月中，发出了要求诸多物品及服务降价的布告。理发由二十八文，降价到二十六文。澡堂由十文，降价到九文。荞麦面由十六文，降价到十五文。要求各店铺以此标准进行降价"（《藤冈屋日记》），由此，十六文钱的荞麦面被降到了十五文钱，有很多荞麦面店因此把招牌改写成"三五"（《事事录》，1831—1849）。此后：

蕎麦やの二八かけにして喰たがり

十六文的荞麦面，想吃吃不到

柳一五三　　1838—1840

就像这首川柳说的那样，虽然荞麦面一度恢复了十六文的价格，但不久后便赶上天保年间的价格改革，荞麦面再次被迫降价。

1841 年五月，老中水野忠邦领导的天保改革开始了。1842 年三月，奉行所任命了 41 名名主为"诸色挂名主"来完成各商品及服务的降价事宜。四月时，更是要求"严格分担各自承接的部分"，命令各位诸色挂名主分清各自承担的职责范围，以彻底实行降价改革（《江户町触集成》一三五一三、一三五八三）。根据这项命令，这些诸色挂名主决定好各自的职责，执行分担部分的降价任务。其结果汇总在 1842 年八月的报告《物价书上》中。根据这份报告，负责荞麦面、乌冬面的名主进行的降价如下：

荞麦大蒸笼每份由四十八文降到四十文。去壳荞麦面每份由十六文降到十三文。大份荞麦面每份由十二文降到了十一文。

其中，用去壳的荞麦粒磨出来的面粉和的面叫作去壳荞麦面，呈纯白色。与此相对，连着荞麦壳一起磨出来的面粉和的面叫带壳荞麦面，因为壳下面的果皮也混在面粉里了，所以这种面呈浅黑色（《续续美味求真》，1940）。带壳荞麦面虽然也会筛一下荞麦壳，但没被筛掉的壳还是一起被磨成了面粉。

1853 年版《细撰记》将荞麦面店分成了"手擀荞麦面店七""盛屋挂藏""大盛屋安二郎"三种，并分别列举了一些店家。"手擀荞麦面店七"这项列举的店名下有"御膳手擀 蒸笼笊荞麦 江户名代 生荞麦面御座候"的字样（图29）。而"盛屋挂藏"上写着"二八"，下有店里的菜单（图30）。"大盛屋安二郎"下能看见"二六大分量""一八"等店名，店名的下面还写着"大特卖""名物"等字样（图31）。

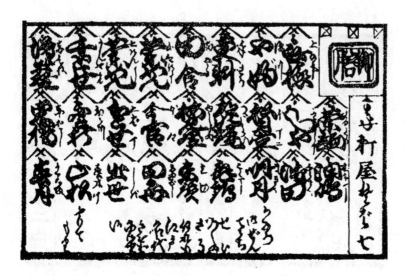

图29 "手擀荞麦面店七"店铺。店名下写有"御膳手擀、蒸笼、笊荞麦、江户名代、生荞麦面御座候"字样。(《细撰记》)

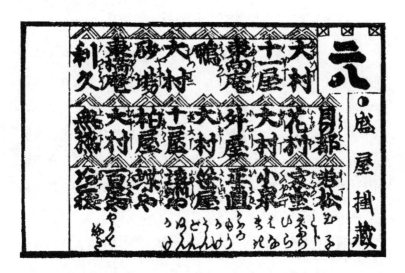

图30 "盛屋挂藏"店铺。店名下写有"玉子皮、天妇罗、平鱼、花卷、盛挂、浇卤乌冬面"等字样。(《细撰记》)

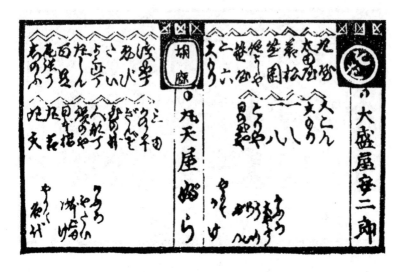

图 31 "大盛屋安二郎"店铺。记载了"二六大分量""一八"等店名，店名的下面有"大特卖""名物"等字样。(《细撰记》)

"手擀荞麦面店七"是以去壳的生荞麦面为卖点的高级荞麦面店，其中被记载的店家之一是明月堂。明月堂的荞麦面在《江户名物诗》(1836)中被称赞为"明月堂荞麦面（略），面如白发三千丈，无壳混入，方得此长"。可见明月堂因为所提供的没有混入荞麦壳、只用荞麦面粉和的荞麦面而声名远扬。"手擀荞麦面店七"下还有"蒸笼"的记载，可见这种荞麦面店还提供价格是二八荞麦面三倍的大蒸笼荞麦。

在幕末时期的人情本[1]中，有一些点"御膳蒸笼荞麦"(《契

---

[1] 江户时期以庶民的恋爱为主题的一种通俗读物。

情肝粒志》三篇，1826；《毯歌三人娘》初编，1855—1860）来下酒的情节，可见当时的高级荞麦面也被当作佐酒佳肴。

而"盛屋挂藏"和"大盛屋安二郎"卖的不是生荞麦面，而是和面时使用了"系"的荞麦面，是更面向大众的荞麦面店。"盛屋挂藏"是卖去壳的荞麦面粉和成的"去壳荞麦面"的二八荞麦面店。而"大盛屋安二郎"是卖带壳的荞麦面粉和成的"大份荞麦面"，每份的售价为二六（十二文）或一八（八文），分量也很足。在"大盛屋安二郎"类别下能看见一家店叫太田屋。关于这家店，《忘残》（天保末年）中"低价之物"一节中有如下记载："四谷御门外有一家荞麦面店叫太田屋。其荞麦面美味自不必说，分量更是足有其他店的三倍，引来食客无数。世间称作马帮[1]荞麦面。食量大的人吃一份也就足够了。"1852年出生于江户下谷的雕刻家高村光云也在《御维新前后》中说道：

　　四谷的马帮荞麦面也广受好评。虽然荞麦面是黑色的，但分量非常足，只需要一份，午饭便能吃饱。四谷现在变成挺好的地界了，但在那时候，却是马帮比一般人更多的地方。马帮的人在那里休息、吃饭，久而久之，那家荞麦面店也被叫作马帮荞麦面。（《味觉极乐》，1927）

---

[1]　以马匹来载人或运送货物的人。

(六) 消失的二八招牌

就这样，被迫下调的荞麦面价格，在 1843 年闰九月十二日水野忠邦被罢免老中一职、天保改革结束后，很快又有了上涨的趋势。仅仅三天后的九月十五日，荞麦面店行会就向荞麦挂名主提出请求："关于荞麦面的价格事宜，现在的价格为每份十三文。然此次荞麦面粉价格上涨，望能准许今后将价格调整为十五文。"据此，荞麦挂名主向奉行所提出申请，表示"今收到民众如此请求，据查其所言属实"，荞麦面被准许涨价到十五文（《江户町触集成》追八七）。就这样，统一定价已不再现实。1844 年正月，荞麦挂名主表示：

> 荞麦面的价格，本应按照去年（天保十四年）闰九月中上书定价，然现在，有按惯例提供每份分量的，也有各不相同的。因此要求你行会下各店，明示荞麦面的价格，并提供符合该价位的荞麦面的品质及分量。望你行会早日进行落实，并准备好保证人的印章。以上。（《江户町触集成》追———）

这是要求行会下各店以张贴等形式明示荞麦面的价格，并提供符合定价的荞麦面的品质与分量。这之后荞麦面还涨过价。在《守贞谩稿》卷五《生业》中有如下记载：

另外有一书中记载，二八荞麦面始于宽文四年，即是说当时荞麦面的价格为十六文。到庆应年间，诸物价高腾，因此江户的荞麦面店向官府请求将荞麦面的价格涨到二十文，之后又涨到二十四文。因此，荞麦面店的招牌逐渐去掉了二八的字样。

《守贞漫稿》于1853年完成初稿，但直到1867年还有追加记载。到作者即将搁笔的1867年左右，"二八"的招牌从街上消失了。

1865年版的《岁盛记》中记载了一家名为"生荞麦面店三八"的荞麦面店（图32）。就像《守贞漫稿》中记载的那样，到庆应年间（1865—1868），荞麦面的价格涨到了二十四文。

图32 "生荞麦面店三八"。写有"调料、盛、挂、乌冬"等字样。(《岁盛记》)

而到了幕末时期，又出现了"二八"表示荞麦面粉的各原料所占比例的说法。《江户愚俗徒然草》（1837）中有如下记载：

大家可能理所当然地认为荞麦面店招牌上的二八表示十六文钱，二六表示十二文钱。但据老人们说，很久以前荞麦面的价格非常便宜，一份只卖八文到十文。当时荞麦面店的招牌上写着"二八荞麦、生荞麦"，之后逐渐有客人直接提要求，比如要求做成三七荞麦面。这是指他们要求面粉是七成荞麦面粉，三成乌冬面粉。二八也是同理，指的是二成乌冬面粉和八成荞麦面粉，而不是用九九乘法口诀来表示价格。现在有一些店，会用二七、二九等九九乘法口诀的方式来表示价格。对于原本很便宜的物品用九九乘法口诀来明码标价这种做法，当时只流行于荞麦面店中。而有一些麦饭的店也这么做，可能是因为这些店比较像荞麦面店。总之"二八"应该是指使用面粉的比例。

但是，上述说法没有将时间限定在"二八荞麦"这种叫法刚出现的时候，只说"二八荞麦"并不是卖十六文钱。的确，"二八荞麦"这种叫法出现以前，荞麦面并不是卖十六文钱。但在"二八荞麦"这种说法出现的时候，因为物价的上涨，荞麦面的价格涨到了十六文并不奇怪，而那之后，十六文确实成为荞麦面普遍的定价。

另外，这段话中还说当时有客人直接在店里对面粉的比例提出要求。首先我们没有看过类似记录，其次如果真有这样的情况，那就会变成店家根据客人提出的面粉比例和面、做成荞麦面的形状、煮面，然后再提供给客人。这样的做法无疑是毫无效率的，如此的经营方法下，荞麦面的生意还能否成立，实在是个疑问。

反之，我们可以看到用"二八""二六"等九九乘法口诀来表示价格，是荞麦面店独特的经营方法。

《善庵随笔》（1850）中也有"现在有人说'二八'指的是荞麦面的价格，但因为现在荞麦面一般是卖十六文一份，就认为'二八'指十六文钱是不对的。当时的物价还比较低，荞麦面的价格也并非十六文"的记录，但这段记录也没有限定于"二八"刚出现的时期。之后的《俗事百工起原》（1865）及《五月雨草纸》（1868）也赞成"二八"是表示面粉的比例，但没有提出任何证据。

明治以后，"二八"的招牌消失了，但"二八"也开始被用来表示原料面粉的比例了。

四

深夜荞麦面

（一）荞麦面夜摊出现

江户是从什么时候开始有卖荞麦面的夜摊的？对于这个问题，我们可以从町奉行所对荞麦面夜摊的取缔记录中获得答案。

江户幕府建立约半个世纪后的 1657 年，江户发生了严重的火灾。这场被称为"明历大火"的火灾是江户时代最大的火灾，也被称为"振袖火灾"。一月十八日午后，本乡丸山的本妙寺开始出现火情。之后的三天时间里，以江户城为中心市内大半被烧毁，死者超过了十万人。火灾之后，幕府进行了大刀阔斧的城市改造，如实施市内街道的防灾工程（拓宽道路、设立防火地等），将寺庙迁至郊外，移动武家和町屋等。然而火灾依然没有在江户根绝。于是，为了预防火灾，奉行所在 1661 年之后反复出台政策，禁止夜间做使用明火的生意。其中跟荞麦面夜摊相关的项目如下：

（一）1661 年十月

夜间点燃明火、点亮灯笼，在町中销售烹煮食物的行走商，今后一律严禁营业。(《御触书宽保集成》一四四四)

（二）1686 年十一月

卖乌冬、荞麦面等的所有使用明火的行走商，一律禁止经营。有固定摊位的、烧烤摊不在禁令范围内。但应小心照看火源。(以下略,《正宝事录》七一二)

（三）1729 年十月

对卖荞麦面、糖等担着明火的行走商，先前已经下达过禁止营业的禁令。然近来这些商贩又开始大量出现在各处。现向各町再次发布紧急命令，禁止此类商贩营业。(《撰要永久录》)

诸如上述的市内法令纷纷颁布。

（一）禁止夜间持明火营业的煮物类行走商做生意，但不能确定这些煮物类行走商是否也卖荞麦面。

（二）明确了禁止持明火卖乌冬面、荞麦面的行走商做生意。但不清楚乌冬面和荞麦面是在一起卖的，还是分开售卖的。

（三）这项中，荞麦面甚至被点名为取缔的对象。可以得知到此时，夜里卖荞麦面的行走商多了起来，在各地街上都能看到他们的身影。

享保年间（1716—1736），夜里卖荞麦面的行走商是担着小摊行走各处，在路旁放下担子来卖荞麦面的。1726 年出版的小咄本

《轻口初笑》中"从吃开始"（他人は喰より）篇中记载了如下的
笑话：

> 有次一名中间[1]外出执行任务，任务完成以后天都黑了，他
> 肚子也饿了。于是他就在镰仓河岸吃了一碗荞麦面。"老板，这
> 碗面多少钱？""六文钱。"结果这个人烟袋里只有五文钱。他觉
> 得自己一定可以脱离窘境，便灵机一动，想到一招。他开始给
> 老板数钱，一文、两文、三文。"老板，现在什么时辰了？""四
> 时[2]了（晚上十点左右）。""四时啊……五文、六文。"他就这样
> 数好钱给了店主。

这个笑话就是著名落语故事《时间荞麦面》的原型。故事里
下级武士在神田桥御门外城壕一端的镰仓河岸（千代田区内神
田）的一家小摊上吃荞麦面，使花招少付了一文钱。顺便一提，
落语故事里的与太郎是因为搞错时间而受到了损失。

（二）夜鹰荞麦面与风铃荞麦面

后来，晚上卖的荞麦面开始被称为"夜鹰荞麦面"和"风铃

---

[1]　中间，也写作仲间，江户幕府的官职名，负责江户城内警备及其他杂事。

[2]　日语中"四ツ"既可指四个、四文钱，也可指时间。

荞麦面"。《反古染》中说"元文年间开始有夜鹰荞麦面，之后还有手擀荞麦面，平碗大份。到宝历年间，又有风铃荞麦面等"。荞麦面的夜摊早已出现，而元文年间（1736—1741）又出现了夜鹰荞麦面，宝历年间（1751—1764）出现了风铃荞麦面。

关于"夜鹰荞麦面"这一称呼的来源，有其客人多为"夜鹰"（晚上在街头揽客的娼妇）这一说。除此以外，还有其他说法，暂时无法判定真伪。

夜たかそばねござの上へもりならべ

夜鹰荞麦面，草床垫上摆

万合句　1778

这首川柳描绘的正是娼妇们把夜鹰荞麦面放在自己做生意用的草床垫上的样子。

《日永话御伽古状》（1793）中描绘了娼妇们吃荞麦面的样子："冬日寒风冷，挑担荞麦食。"（图33）寒风凛凛的夜晚，一碗夜鹰荞麦面对娼妇们来说是十分值得庆幸的。

現金にかけを売るのは夜鷹そば

用现金买素汤面，便是夜鹰荞麦面

柳五二　1881

图33 夜鹰荞麦面。小吃摊旁摆放着"二八"灯笼。娼妇们在吃荞麦面。(《日永话御伽古状》)

夜鹰荞麦面卖的是荞麦汤面，只能用现金支付。这首川柳是卖"浇汤"荞麦面的双关谐语[1]。

而"风铃荞麦面"卖的是比夜鹰荞麦面更高档的荞麦面，为了表示区别，通常会在小吃摊前挂上风铃。大田南亩曾有诗说道："风铃荞麦面，状似夜鹰荞麦面，实则大不同。面在大平碗上盛，无毒无害有浇头。"(《通诗选谚解》，1787)所谓"无毒无害"大概是指风铃荞麦面比夜鹰荞麦面更卫生。可以得知，风铃荞麦面用的是大平碗（夜鹰荞麦面用大海碗），并在素汤面上

---

[1] 日语中"浇汤"与"赊账"的发音相同。

加上各种浇头，跟只卖素汤面的夜鹰荞麦面区别很大。《友话》（1770）的"箫乐"篇描绘了风铃荞麦面的小摊，图中小摊的顶棚上吊着一串风铃（图34）。

正如《此处彼处》（1776）中的记载"风铃荞麦面通宵营业，笊篱都是温热的"一样，风铃荞麦面的面摊通宵营业，也如《大通人穴寻》（1780）记载的，"近年来，就像按摩摊会用笛声来广

图34　风铃荞麦面的小吃摊。（《友话》）

告自己是按摩摊一样，风铃荞麦面的面摊会用风铃声来揽客，实在是精明得很"（图 35），风铃荞麦面广为人知。

图 35　风铃荞麦面小吃摊。
（《大通人穴寻》）

但不久后，行走商们"按摩摊用笛声，而夜鹰荞麦面摊用铃铃铃的声音"来揽客（《喵事》，1781），看来卖夜鹰荞麦面的摊位后来也开始挂风铃了。如此一来，"曾经的风铃荞麦面，在面摊顶棚上挂一串风铃，行走商一路叫卖。盛面的容器也十分精致。一份面卖十二文钱，在世间广为流行。虽然现在仍有这种遗风，但早不似当年那般精致卫生了"（《明和志》，1822 年左右）。

可见，后来风铃荞麦面失去了原来的格调，变得跟夜鹰荞麦面没什么区别了。

而价格方面，原本风铃荞麦面是每份十二文，而夜鹰荞麦面仅售八文（《芳野山》，1773，夜鹰荞麦面篇）。后来价格方面的差别也消失了。

先前我们提过的《日永话御伽古状》中，夜鹰荞麦面摊挂着写有"二八"的纸灯笼。葛饰北斋也在《灶将军勘略之卷》（1800）中描绘过挂着"二八"灯笼的夜鹰荞麦面摊（图36）。酒

图36　夜鹰荞麦面的小吃摊。灯笼上写有"二八、荞麦、温酒、鸡肉鱼类"等字样。（《灶将军勘略之卷》）

落本 [1]《暗明月》（1799）中写吉原的客人从青楼出来，点了一碗风铃荞麦面吃，并向摊主要求"喂，多放些葱"，然后付了十六文钱。

宽政年间（1789—1801），夜间的荞麦面摊中，夜鹰荞麦面和风铃荞麦面的价格都变成了十六文，跟二八荞麦面店的价格一样了。

（三）夜间荞麦面摊的增加

原本为了预防火灾，夜间持用明火的行走商被明令禁止经营。但即使如此，夜间荞麦面摊的数量仍不断增加。在这样的情况下，1794年正月十日又发生了一场大火灾，而十六日、十九日也接连发生火灾。因此，二十日时，年番名主 [2] 要求各位名主严厉取缔持用明火的行走商。由此，名主对此类行走商的取缔变得更严厉了。二月八日，以夜间荞麦面摊为营生手段的"原赤坂太兵卫店新兵卫外七十二人"，因为被家主禁止了夜晚的经营活动，生计受到影响，而赶往奉行所，请求许可夜间营业。对此，奉行所的回答是，虽然持用明火行走经营被禁止了，但夜间营业本身并没有被禁止，不可误解政令。这些新兵卫经过商议之后，

----

[1] 江户中期的一种剧作文学。

[2] 当年轮值的名主。

提出确实是他们误解了政令，撤回了之前的请求（《类集撰要》四二）。也就是说，只要在固定的场所营业，移动途中不持用明火就可以了。之前的禁令还是有空子可钻的。

这些新兵卫隶属于同一个行会，但在晚上经营荞麦面摊的还有其他行会。奉行所在宣布上述回答时，也向市里其他以夜间荞麦面摊为营生的行会进行了布告宣讲，要求不要误解政令，暗示夜间荞麦面摊的经营还是有法可循的。

对于许多居住在长屋[1]的市民来说，经营夜间荞麦面摊是重要的营生，从事这项工作的人不在少数。奉行所对夜间荞麦面摊的经营设下了一定的条件限制，但以荞麦面摊为首的夜间饮食摊的数量并未减少。于是第二年1795年十一月，町奉行出台了新的方针，向"夜间经营的饮食摊"发放经营许可证，限制此类摊点的总数。这种许可证"印监纸扎"一共发行了900张，"未持有此印监的夜间饮食摊点，一经发现，一律严惩"（《类集撰要》四二），町奉行以此来强化对夜间经营的饮食摊点的规范。

然而此举的效果似乎不甚理想，无证经营的摊点很多。于是在1799年四月，町奉行对町年寄[2]樽与左卫门下达了如下命令：

　　将经营煮食的行走商的人数限制为700人，收回宽政七年下

---

[1]　一种联排住宅形式，江户时期有很多市民、匠人住在这种形式的房屋中。

[2]　江户时期执掌町政的最大的官员。

发的印监纸扎，由町年寄役所向现在已有的 900 余名经营者发放新的印监纸扎。今后禁止转让印监纸扎，并逐渐将许可经营的人数降至 700 人。禁止行走商去规定以外的地方摆摊，并不发放许可给新的夜间营业的商人。(《御触书天保集成》六一二〇)

于是，之前奉行所负责的印监纸扎发放改为由町年寄役所负责，而且町年寄有责任将夜间营业的行走商的人数减少到 700 人。

此时，"夜间的荞麦面摊自不必说，无论何种持用明火的小商贩，按前述规定，均禁止营业"，町奉行还特意点名夜间的荞麦面摊，并禁止所有夜间持用明火的小商贩营业。这说明当时有许多夜间营业的荞麦面摊都持用并且携带明火移动。尽管有这么多禁令，经营夜间荞麦面摊的行走商还是走街串巷做买卖。寺门静轩[1]的《江户繁昌记》五篇（1836）中记载："夜鹰荞麦面的行走商在担子的两头挑着面摊的诸多器具，在担子一端挂上风铃，走街串巷沿路做买卖。风铃也跟着叮当作响。这也被叫作风铃荞麦面。江户的东西南北，甚至市外的桥下田间，无论是晴朗月夜还是风雨夜，都能听见这种风铃的声音。真是处处闻此声。"由此可见，江户市内自不必说，连江户近郊，无论晴雨，夜间的荞麦面行走商都挑着担子，走街串巷卖着荞麦面。

---

[1]　幕末时期的儒学家。

五

江户成为荞麦面之城

（一）江户由乌冬面之城变为荞麦面之城

宽文年间（1661—1673）出现了见顿荞麦面，之后的贞享年间（1684—1688）到享保年间（1716—1736），蒸荞麦的店铺、荞麦面的名店、二八荞麦面店、夜间营业的荞麦面摊纷纷出现。不难看出江户在这一时期由乌冬面店更多的城市，变为荞麦面店更多的城市的兆头。根据《荞麦全书》中的"江户中荞麦面店名录"可以得知，1751年，江户至少有72家荞麦面店。

1776年，恋川春町作画的《乌冬荞麦 化物大江山》戏作绘本（附带插图的小说）出版了。这本绘本是源赖光和四天王奉命一路征讨夜夜扮鬼掠夺钱财和妇女的酒吞童子，并最终在丹波国大江山战胜酒吞童子这一武勇传（御伽草子《酒吞童子》）的谐仿作品。故事中，源赖光和四天王被设定为荞麦面派，而酒吞童子则是乌冬面派（图37）。最终荞麦面派战胜并驱逐了乌冬面派，

图 37　荞麦面党成员。源赖光和四天王（碓井贞光、卜部季武、渡边纲、坂田金时）在商议如何打败乌冬面党。（《乌冬荞麦：化物大江山》）

其结果就是"荞麦面从此令乌冬面臣服，名扬天下。此后，江户八百零八町，荞麦面店不计其数，而乌冬面店变得极少"。

这虽然是虚构的故事，但也说明当时的江户有为这样的故事结局喝彩的倾向。第二年刊行的《土地万两》"面类篇"中给出了 21 家面店的排名，其中除"笹屋干乌冬"以外，其余均为荞麦面店（图 17）。

1787 年出版的江户饮食店指南《七十五日》介绍的 67 家面店里，荞麦面店占压倒性的多数，为 56 家，而乌冬面店为 9 家，既卖荞麦面又卖乌冬面的店仅为两家。

从安永到天明年间（1772—1789），江户从乌冬面的城市变成了荞麦面的城市。而这一变化的原因有很多，如离荞麦的产地近，二八荞麦面诞生后荞麦面的价格变得稳定，夜间营业的荞麦面摊数量增加后江户市民越来越习惯于这种食物，与荞麦面相配的荞麦面酱汁诞生，荞麦面清爽的味道与江户市民的气质相吻合，等等。天明年间，高级荞麦面店的数量也增多了，上流社会人士也成为荞麦面店的客人是一大原因。

（二）顾客群不断扩大

1782 年刊行的黄表纸[1]《七福神大通传》中，有这样一篇文章：

> 偌大的江户城中，现在有众多的见顿荞麦面店，此外还有卖夜鹰荞麦面、风铃荞麦面、大平碗的卓袱荞麦面等的店，小商贩营业到天明，而不喜欢荞麦面的人十个里面也许才有一个。去见顿荞麦面店吃面的，大都是些下等人，而衣着气派的人，不管再怎么被葱香味吸引得食指大动，也不太愿意进店里坐下吃一碗面。对于这样的情况，大通天感到很遗憾，于是将荞麦扎成粉，分发给各个店家并与其商讨对策。于是人们通过增加隔断的方式

---

[1] 江户中期以后流行的一种绘本，以诙谐和讽刺为特色，因其封面为黄色而得名。

让店面看上去更高级，并在木质的招牌上写上"深大寺御膳手擀荞麦面"的字样，一扫荞麦面店之前下等的感觉。如今，身着体面衣服的客人，可以毫不踟蹰地进到店里。店内家具以清爽高级为最高审美的高级荞麦面店，在江户也有很多了。走在路上，只要付出不多的钱，就能吃到深大寺的手擀荞麦面。如此自由的世界，也是大通天带给人世间的恩惠。

这段文章的核心是，在江户虽然大多数人都喜欢吃荞麦面，但以前荞麦面店的客人基本都是下等人。而靠着大通天（文中的"跟大黑天一模一样的神"）的慈悲恩惠，有的荞麦面店开始在店中装设隔断，让店面看起来更高级，使得顾客层扩展到了上流社会。文章旁边还绘制着打出了"深大寺荞麦面"招牌的笊荞麦面店（图 38）。"在木质的招牌上写上'深大寺御膳手擀荞麦面'的字样，一扫荞麦面店之前下等的感觉"，是因为当时深大寺及其附近产的荞麦成为知名的荞麦面品种。大田南亩也在《荞麦记》中记载"深大寺的荞麦近来十分有名"（《玉川砂利》，1809）。

这虽然是一个虚构的故事，但也说明面向上流阶级顾客层的荞麦面店越来越多。那时，在洲崎已经有了两层楼的气派的笊荞麦面店（图 20），吉原有店内设隔断的店铺在卖钓瓶荞麦面[1]，这在《夜野中狐物》（1780）中也有描绘（图 39）。这一时期高级荞

---

[1] 江户时期，在新吉原大门外增田屋半次郎卖的有名的荞麦面。

图 38　打出深大寺荞麦面招牌的荞麦面店（右）和茶店（左）。（《七福神大通传》）

麦面店的数量进一步增加，在《七福神大通传》问世两年后出版的《汇轨本记》（1784）中有如下记载：

　　当今世上流行的是什么呢？举几个例子来说。（略）对于已经独当一面的手艺人来说，当然是手擀荞麦面。

　　那时候还没有机器擀面，所以荞麦面当然都是手擀的。但那时候将自己家里制作的优质的生荞麦面叫作手擀荞麦面，并以此为卖点的荞麦面店非常流行。

　　1787 年出版的《是高是人御食争》中描绘了荞麦面店内的

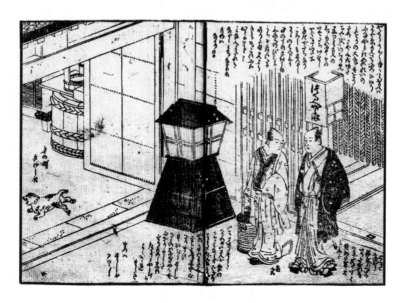

图39 吉原的钓瓶荞麦面店。(《夜野中狐物》)

场景。有脚踩和面的人，有擀面的人，有切葱花的人，有用荞麦
面刀切面的人，有把荞麦面条放进釜里煮的人，大家分工明确。
负责切荞麦的人还在说"不掺其他面粉的生荞麦面不好切"（图
40），可见这家店的荞麦面粉里没有加"系"，卖的是生荞麦面。

　　荞麦面的调料有木鱼花（薄切）、白萝卜汁、陈皮（橘子
皮）、辣椒、山葵、海苔、梅干等，再加上葱。根据《荞麦全书》
的记载，把葱作为调料是"最近才有的事情"，因此应该是18世
纪中期才开始把葱作为荞麦面的调料。一旦把葱作为荞麦面的调
料，它就变得不可或缺了。

图40　荞麦面店内。描绘了从和面到煮面的过程。(《是高是人御食争》)

　　而手擀荞麦面店在容器方面也很挑剔。洒落本《假根草》（1795）中的登场人物有如下对话：

　　　　"您不喜欢荞麦面吗？之前对面那家鳗鱼店也关门了，后来
　　　变成一家信州手擀生荞麦面店。他们家的餐具都用的是好东西，
　　　有些很不寻常的容器。"
　　　　"我从不吃面。"

　　还有一些喜欢吃荞麦面的人对餐具也非常挑剔。《滑稽和合

人》（1823）中，三个正要出门的人，有一个人对其他二人说：
"吃荞麦面的话，虽然远一点，但还是去驹形的松月庵吃吧。他
家新做的荞麦面更好吃了，容器也气派好看。"

江户的荞麦面店吸引到了上流阶级的顾客，扩大了荞麦面的
顾客群，让荞麦面在食客中的人气更高了。

（三）增加到 718 家的荞麦面店

江户城中的荞麦面店越来越多。1811 年进行的"食品类商家"
统计调查，让我们知道荞麦面店的确切数量。这一年，町年寄应
町奉行所的要求，按职业种类对江户的食品类商家的数量进行了
统计，其报告显示，"乌冬荞麦面店"的数量为 718 家（《类集撰
要》四四）。而"食品类商家"的总数为 7604 家，因此乌冬荞麦
面店占总数的 9.4%，数量之多，仅次于居酒屋，位居第二。虽然
其中乌冬面店和荞麦面店的数量各为多少并不明确，但那时候已
经是荞麦面店居多的时代，可以推测其中多数都为荞麦面店。

荞麦面店的数量多于 700 家的时代还在继续。1839 年十一月
二十四日，御府内荞麦面行业的总代表向奉行所提出申请，表示
为了报答国家的恩典，希望向町会所每年上缴营业税 100 两，五
年合计 500 两。其理由是："荞麦面价格便宜，没什么财产的人、
穷人都是荞麦面店的常客。这些人都十分感激町会所的救济制

度。"(《町会所一件书留》九五) 町会所会对因疾病而陷入贫困者进行救济，也会在饥荒、火灾之际向穷人施米、布施钱财。因此对荞麦面店的常客来说町会所是无可替代的，荞麦面店也希望能为町会所出一份力。

这笔营业税是靠客流量大于 700 人的荞麦面店每月上缴一定的金额凑齐的，每年分两次上缴到町会所。由于荞麦面店中有不少反对这种做法的，所以这项计划是否实施了还是个疑问。但由此可以得知，荞麦面店主要的顾客是没什么财产的低收入群体（只有当天工作合约的临时工、挑担子的小商贩、各种手艺人、化缘的僧人等），以及幕末时期江户有 700 多家荞麦面店。

(四)《守贞谩稿》中过多的荞麦面店数量

《守贞谩稿》卷五《生业》中有如下记载："万延元年（1860），因荞麦价格上涨，江户府内荞麦面店召开集会，共 3763 家。然而夜间营业的行走商，也就是俗称的夜鹰荞麦面摊不在此列。"该记载显示了荞麦面店的数量，到幕末时期竟有 3763 家之多。如果是这样的话，从天保十年到万延元年这四十年左右的时间里，荞麦面店的数量从 700 来家增加到 3763 家，增加到五倍以上。

这是不太可能的。奉行所在 1804 年制定了减少餐饮店数量的方针，不再给食品类店铺发放营业许可，并对食品类家业的继承和让渡设置了限制。奉行所命令町年寄，在五年内把当时共6160多家的"食品类商家"减少到6000家以内（《德川禁令考》前集第五）。这个目标迟迟未能实现，直到1835年，该类店铺的数量终于被减少到5757家，达成了目标。进而在第二年，町年寄按照奉行所的意向，以这一数字为基准，向各年番名主要求，不能在此基础上增加食品类店铺的数量（《天保撰要类集》诸商卖之部）。在这种减少餐饮店数量的大环境之下，只有荞麦面店的数量增加了，而且占到了所有餐饮店的近三分之二，这实在是不太现实。

另外，3763家荞麦面店一起召开集会的真实性也令人怀疑。在当时的江户，应该没有能供如此多的人集会的大场地。

所以我们可以认为，《守贞谩稿》中的记载有误。实际在江户末期，荞麦面店的数量应该为近700家。据推定，当时江户的人口约为100万，那么每1429人就有一家荞麦面店。而根据总务省统计局《事业所·企业统计调查报告》（《外食产业统计资料集》，2009）的数据，2006年东京的乌冬面店、荞麦面店的数量为5775家，数量增长了约七倍，但2006年的东京人口为1266万，所以每2192人有一家乌冬面、荞麦面店。按人口比例来看的话，江户的荞麦面店要多得多。到了明治时期，也有"东京市内的荞麦面店约为600家"的记载（《月刊食道乐》1906年2月号）。

（五）两极分化的荞麦面店

寺门静轩的《江户繁昌记》五篇中有如下记载：

> 世上有二八荞麦面，又有夜鹰荞麦面。二八荞麦面昼夜皆营业，夜鹰荞麦面夜晚营业。（略）另有手擀荞麦面，或在二八荞麦面之后出现。其手擀的面精细，店内装潢气派，餐具也干净。这样的店铺越来越多，生意也越来越红火。另外，二八荞麦面和手擀荞麦面，虽说是昼夜都营业，到晚上也只营业到亥时（约晚上 10 点）。在这之后就是夜鹰荞麦面的营业时间了。就是说等二八荞麦面和手擀荞麦面的营业结束之后，夜鹰荞麦面的小贩就会出来摆摊。

比起二八荞麦面和夜鹰荞麦面，手擀荞麦面的做法更精细，店面更气派，餐具也更干净。凭借这些优势，手擀荞麦面店越来越多，生意越来越好。就像寺门静轩说的，手擀荞麦面店在二八荞麦面店之后出现，在天明年间，面向上流阶级的手擀荞麦面店十分流行。荞麦面店的两极化倾向，在这一时期开始变得显著。1799 年町名主进行"食品类商家"数量调查，将荞麦面店分成了"荞麦面店"和"手擀荞麦面店"两类（遗憾的是，调查结果现在已无从查证）。"荞麦面店"应该是指二八荞麦面店，"手擀荞麦面店"则是指高级荞麦面店，看来当时已经把荞麦面店分成了这两类。

这之后，荞麦面店的两极化趋势越发显著，出现了如深川和团子坂的薮荞麦面店那样的豪华店铺。在《守贞漫稿》卷五《生业》中有如下记载：

> 一直以来，原本卖十六文、后来卖二十四文的荞麦面被叫作"驮荞麦"。"驮"是粗糙的俗语。虽然有些卖驮荞麦的店也会在灯笼上写"手擀"这类字样，但实际上手擀荞麦面指的是那些卖精细荞麦面的店。真的手擀荞麦面店，不会卖二八荞麦面那样粗糙的荞麦面。

这里说的是二八荞麦面店的荞麦面被称作"驮荞麦"，而真正的手擀荞麦面店不会卖这种不精细的荞麦面。

正如之前说过的，在1853年版《细撰记》中，荞麦面店被分为高级荞麦面店（"手擀荞麦面店七"）和大众化的荞麦面店（"盛屋挂藏""大盛屋安二郎"）（图29—31）。

而在记录了幕末到明治初期江户世风人情的《江户的夕荣》（1922）中，则有如下记载：

> 荞麦面店分为两种，一种是手擀荞麦面店，一种是二八荞麦面店，或称驮荞麦面店。"盛""挂"字号的店都是卖十六文钱的面，因此叫作二八荞麦面。相比起来，手擀荞麦面更高级一些，

店铺开在远离繁华地带的地方。这样的手擀荞麦面店多兼营其他料理。

并列举了21家主要的手擀荞麦面店的店名。而二八荞麦面店的店名只列举了11家，但补充说明"及其他数百家"。寺门静轩的记述显示手擀荞麦面店的数量增加了很多，但二八荞麦面店还是占压倒性的多数。纪州藩一位姓原田的医师，在幕末时期的江户见闻记《江户自慢》（安政年间）中记录道：

> 我在不当班的日子里不会就在家里待着，而是会去东南西北各处逛，终日的花费不必费心就能控制在一百文以内。不管去哪儿都是自己一人，不用别人告诉我该看什么、该吃什么。肚子饿了就吃荞麦面，吃完再喝五六碗面汤。

可见荞麦面店以便宜的价格提供食物，填饱食客的肚子，还赠送面汤给食客喝。

根据《江户繁昌记》的记载，二八荞麦面店和手擀荞麦面店营业到大约晚上10点，这之后就是夜鹰荞麦面的时间了。看来江户的市民不管是白天还是晚上，都能吃到荞麦面了。

六

荞麦面汤、荞麦粉的产地与温酒

（一）荞麦面汤从味噌味到酱油味

江户的荞麦面人气变高的一个原因是人们对荞麦面汤味道的钻研和改进。荞麦面汤现在被称为"荞麦露"，但在江户时代被称为"荞麦汁"。荞麦汁的调料先是从味噌变成了味道较淡的酱油（西日本产，被运到江户来的酱油），进而变成了味道更重的酱油（江户周边产的味美价廉的酱油）。

如果我们看当时的一些料理书籍，会发现荞麦汁的味道展现出以下的变化：在《料理物语》（1636）中是味噌味，在《料理盐梅集》的《天之卷》（1668）中是酱油味，在《料理私考集》（1711）中是酱油汤风味，在《黑白精味集》（1746）中是在酱油中加少许味噌，而在《料理之栞》（1771）中是酱油味（《料理书籍中的江户荞麦面和荞麦面汤汁》）。

料理书籍中的记录显示，17 世纪末，荞麦面的汤汁中开始使用酱油。

较早记录荞麦面店的荞麦面汤汁做法的是《荞麦全书》中的如下记载：

> 其汤汁，是用味噌汁一升，加入好酒五合，搅拌均匀，加入干木鱼花细片四五十钱（一钱约合 3.75 克），煮大约半个时辰，不能用微温火，而应该用最小的文火。炖煮之后，加入盐和酱油，搅拌均匀，再加热。

该记载在介绍《本朝食鉴》记录的味噌味汤汁做法的基础上，进行了以上说明，并表示"现在的面店的汤汁，基本都是这么做的"。在料理书籍中的菜谱基本上都记录的是酱油味汤汁的时期，荞麦面店的做法还是味噌味。但这一时期，荞麦面店也开始使用木鱼花熬的汤汁，不久以后开始使用酱油。

　　山十に土佐を遣ふとかつぎいふ
　　山十、土佐，我家外卖自不同

万句合　1771

此诗所说的，正是店家夸耀自己家荞麦面的外卖用了山十和土佐产的木鱼花。据《荞麦全书》记载，"近年来，关东有些地方产的酱油里有很好的品种。但还是比不上关西产的酱油。关西产的酱油也有很多种，有仐印记的是极品"，仐是关西产的极品酱油。明和年间（1764—1772），荞麦面店也在熬制荞麦汤汁时使用这种酱油。

当时似乎经常可以看到荞麦面店在店前晒熬制完汤汁之后剩下的糟。

みそらしく出シがらを干スけんどんや

见顿荞麦面，自豪晒汤糟

万句合　1765

这句讲的是见顿荞麦面店在不无自满地晒着汤汁熬过后剩下的糟。

还有这样的诗句：

そばやの軒にかつおぶしの所労ぬけ

荞麦面店外，木鱼花气绝

柳八四　1825

"气绝"指的是用尽精力，这里具体指的是汤汁熬过之后的糟。而商店的报条（宣传单）集《拾神》（1794）中记载的东桥庵的广告语为："酱油用的是宝贵的山十产，汤汁用木鱼花来熬成。"宣传的是这家店用山十的酱油和木鱼花熬的汤汁。而

1842年时，"木鱼花枯，化身成露"（身ハ枯て露の手向けや花松魚，新编柳多留二）讲的便是花松鱼（木鱼花）为了变成露（荞麦面汤汁），不惜牺牲自身（熬汤汁），以成就料理。由此我们可以得知，这一时期，用酱油和木鱼花的汤汁来制作荞麦面汤汁的做法已经固定了下来。

（二）从关西产的酱油到关东产的酱油

18世纪后半叶，荞麦面店开始用酱油来制作荞麦面汤汁。而使用的酱油则从关西产（口味较淡）变为了关东产（口味较重）。

1726年，运送到江户港口的酱油不过13.2万多樽，其中有10.1万多樽是从大阪运来的酱油，占运送到江户的酱油总量的76%（《日本近世社会的市场构造》）。而根据1821年"十组酱油醋问屋行事"的申告书，运送到江户的酱油达到了125万樽，其中123万樽是从关东七国运送来的（《酱油沿革史》）。在大约一百年内，运送到江户的酱油量增长到之前的近十倍，而且其中的大部分都是关东产的酱油。由此可见江户酱油使用量增大以及关东产的酱油所占比重显著增长。

据龟甲万酱油国际食文化研究中心推测，关西产酱油的全盛期大概是18世纪中期。该研究中心还根据《万金产业袋》（1732）中记载的酱油制法，尝试复原当时关西产的酱油。其结果是，关西产酱油"因为熟成期较短（约三个半月）而颜色较浅"，且"最初的口感十分美味，但很快咸味就会过于突出，并不适合作为蘸料、调味用的酱油"，研究中心进一步考察得出了以下结论："酿造期越长，酱油的味道就越重，而味道的厚重感和层次感就会提升，也能散发出引起食欲的香气。而为了延长酿造期，当时的人们进行了钻研和改善，这一努力的结果便是市场由关西产酱油占多数，变为了关东产酱油占多数，市场占比出现变化。"（《FOOD CULTURE》——）

江户的荞麦面店开始使用在江户市场份额大增的口味较重的关东产酱油，并由此制作出了味道更适宜的荞麦面汤汁。

纪州藩一位姓原田的医师在《江户自慢》中记载道：

> 人们和荞麦面粉时没有用鸡蛋，而用小麦粉作为"系"来和面，使得口感更硬，人们吃起来不太习惯。而汤汁的味道却是极其美味，如果是若山（和歌山）产的荞麦，配上江户的荞麦汤汁的话，两种美味更是相得益彰，能吃到肚子胀开而不自知。

他说不用鸡蛋，改用小麦粉做"系"来和的荞麦面，跟以前自己熟悉的口感不太一样，吃起来不太习惯，但他盛赞荞麦汤汁的美味。看来在江户荞麦面的发展中，荞麦面汤汁起了很大的作用。

（三）荞麦面粉的产地和流通

关于荞麦的产地，《本朝食鉴》有如下记载：

虽然各处都出产荞麦，但东北的荞麦产量最大，品质也最佳。西南的产量最少，品质也最差。夏天歇伏之后播种，八九月时收割。收割比较早的被称为新荞麦。信州和上野（群马县）有的地方的荞麦是三四月播种，六七月收割，这种被称为珎（珍）荞麦。下野（栃木县）的佐野、日光、足利等地，武州（埼玉县、东京都），总州（千叶县），常州（茨城县）也有很多品质不错的荞麦，但都比不上信州产的。

而在《续江户砂子》中，还有如下记载：

总的来说，荞麦在土地不厚重的地方长得比较好。练马、中野、西原等地的就不错。然而壳目（产量）太少，达不到买卖的程度，虽然品质不错，但种不了太多。而信浓地区的荞麦产量大，江户的荞麦面店所用的荞麦，多是信浓地区所产。

根据这两本书的记载，信州的荞麦产量大，品质也最佳，江户的荞麦面店多用信州产的荞麦。而且在关东地区和江户近郊，也有品质不错的荞麦产出。

虽然《续江户砂子》中说江户近郊的荞麦产量太少，无法买卖，但包括江户近郊在内的关东地区产的荞麦应该也主要是在江户被消费吧。江户时代的关东地区多为旱田耕作。大石慎三郎根据幕府给旗本们分封关东地区土地时定下的旱田水田比例，推测出"江户时代中期，关东地区总耕地的约20%为水稻田，剩下的80%左右为旱田"（《大江户史话》）。

这一状况一直持续到昭和初期。根据《昭和四年农业调查结果报告》（1930）：

> 水田和旱田的比例，从不同地区看，水田多的为以下七个地区：北陆地区水田占七成九，为最高。之后为近畿（七成八）、中国地区（七成一）、东北地区（六成二）、东海地区（五成八）及四国地区（五成六）。与此相对，旱田的比例更高的有以下地区：以冲绳的八成九为最高，其次分别为北海道地区（七成七）、关东地区（五成六）、东山地区（五成四）。

可见在本州岛，关东地区的旱田比例是最高的。可以认为，荞麦在关东和江户近郊都有比较大量的种植和生产，以提供给江户。

江户有众多买卖荞麦粉的商人。

1824 年八月，"御府内乌冬荞麦粉渡世致候者"89 人为了统一乌冬、荞麦粉的定价，向町年寄提出了申请，希望能结成行会（《江户町触集成》一二二七六）。虽然不知道组成行会到底有没有获准，但如果当时的荞麦面店的数量约为 700 家的话，那么大约每 8 家店就有一个人是"乌冬荞麦粉渡世者"[1]。当时已经有了给荞麦面店提供大量荞麦面粉的商业体系了。

（四）荞麦面店的酒和下酒菜

荞麦面店里常有独酌的客人。荞麦面店的酒物美价廉，是其一大魅力，甚至有"荞麦店酒""荞麦前"等说法。尤其是午后，在荞麦面店悠闲地喝一杯，快哉快哉。

很早以前就有人在荞麦面店喝酒。《鹿之子话》中就有中间在"蒸笼蒸荞麦面"店里喝酒的故事。而十返舍一九的《金草鞋》十五编（1822）有幅描绘浅草的荞麦面店的画，画中吃着荞麦面的食客身后放着菰樽[2]（图 41）。而《江户自慢》中也有"荞麦面店必定卖酒，而且是好酒"的记载，看来荞麦面店都常备着好酒。

在吃荞麦面之前喝的酒叫作"荞麦前"。《评判龙美野子》（1757）中记载，在深川洲崎的茶屋，"一群看上去像是荞麦面店客人的人"在商量："吃什么好呢？来点儿好吃的吧。吃荞麦面之前先来一杯酒，再加两三种下酒菜。"正是说他们在吃荞麦面之

---

[1] 以买卖乌冬面粉、荞麦面粉为营生的人。

[2] 江户时代，为了避免运输中的损坏，酒瓶外捆绑了"菰"（草类）编制的绳子。

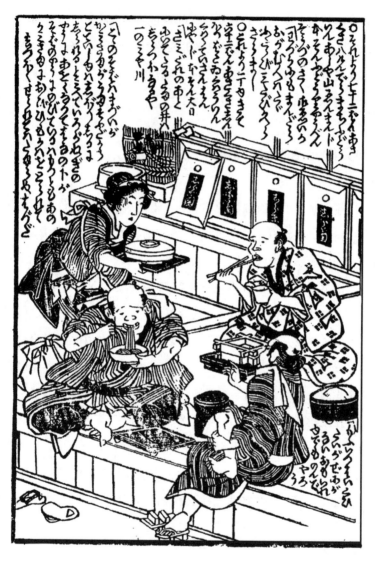

图 41　浅草的荞麦面店。荞麦面店的客人身后放着送外卖用的食箱和菰樽。荞麦面是盛在蒸笼里端给客人的。(《金草鞋》十五编)

前点了酒和下酒菜。在荞麦面店吃荞麦面之前先喝一杯的情况越来越普遍，甚至有荞麦面店开始宣传他们可以提供简单的下酒菜。

式亭三马给芝增上寺门前一家叫风咏庵的荞麦面店写的报条中写道：

> 从此处去上户的客人们都说，这家店的下酒菜不是荞麦面，而是正经的料理。多种菜色，按顺序上菜的即席料理。（略）就着这家的下酒菜，随意地喝一杯吧。恭候您的大驾。（《狂言绮语》，1804）

这家荞麦面店提供即席料理做下酒菜，并以此作为卖点。

小咄本《笑之种》"荞麦面店"篇（1819）中，有一段发生在"一家名叫一之谷的荞麦面店"的客人和店家的对话："有酒吗？""有的。""要三合。有下酒菜吗？""虽然没有鱼，但有冈部六弥太（这是源义经家臣的名字，但此处意为豆腐[1]），还可以放上平忠度（在一之谷战役中战死的平家武将平忠度，此处意为海苔[2]），一起吃。""听起来很有趣，就要这个吧。"这段对话虽然算是在说笑，但也说明当时的荞麦面店能根据顾客的需求，提供一些简单的下酒菜。

---

[1] 日文中"おかべ"既指姓氏冈部，也可指豆腐。

[2] 日语中度的发音与海苔相同。

纪州藩的勤番武士酒井伴四郎，在 1860 年五月二十九日来江户上任，到十一月底为止。在江户每一天的生活，都被他记录在日记中。他外食频繁，去过荞麦面店、寿司店、茶泡饭店、蒲烧店、料理茶屋、居酒屋等（《江户江发足日记帐》）。其中去得最多的就是荞麦面店，足有二十次，而其中九次都有饮酒的记录。

○（两个人）"进了荞麦面店，吃了泥鳅锅，喝了五合酒，吃了荞麦面。"（八月十三日）

○（三个人）"进了荞麦面店，吃了星鳗锅、泥鳅锅、荞麦面，喝了二合酒。"（八月十五日）

○（四个人）"进了荞麦面店，大家吃了用茶碗盛的乌冬面。我以食代药，吃了甜炖的章鱼、山药和莲藕。喝了二合酒。"（八月二十五日）

○（两个人）"去了神社里的一家御膳荞麦面店，吃了荞麦面，喝了一合酒。"（十月十四日）

○（人数不明）"回家路上，大家一起进了荞麦面店。外来的人都吃了素汤荞麦面，本地人为了御寒，一起吃了火锅，并喝了二合酒，喝醉了。"（十月十九日）

○（一个人）"因为是月底了，所以吃了荞麦面，喝了一合酒再回去。"（十月二十九日）

○（一个人）"到了冷得受不了的季节了。进了荞麦面店，喝了三合酒，靠喝酒暖身再回家。"（十一月五日）

○（一个人）"为了御寒，进了荞麦面店，吃了鸡肉锅，并喝了两合酒。"（十一月二十二日）

○（两个人）"因为到了月底，所以进了荞麦面店，喝了两合酒。"（十一月底）

看来，酒井伴四郎在荞麦面店，以泥鳅锅、星鳗锅、鸡肉锅等火锅类，还有煮的食品为下酒菜来佐酒。不点下酒菜的时候，就以荞麦面佐酒。到幕末时期，荞麦面店也提供各种火锅类食品，这一点值得关注。

（五）荞麦面店和温酒

《笑之种》中写客人要求"来三合酒"，荞麦面店也给顾客提供放在热酒壶里热过的酒。山东京山的《大晦日曙草纸》四编（1840）的"二八荞麦面店"中描绘了一个客人向店员要求追加温酒的场景（图42）。铫釐（ちろり）是用来温酒的有盖容器，上方有注入口，多为铜制，后来也有锡制的。隔水加热是间接地、慢慢地加热，不会破坏酒的风味，而且更能表现出酒的甜味和香味，可以把酒加热到自己喜欢的温度。看来在当时的荞麦面店，确实能喝到好酒。

这幅画里，追加酒的客人是一对男女，二人共用一个杯子

图42 二八荞麦面店的客人。一个客人把菰樽递给店员，要求追加温酒。这家店也是用蒸笼来盛荞麦面提供给食客。食客有旅人、按摩师、长屋的老板娘等。(《大晦日曙草纸》四编)

（猪口[1]）喝酒。江户时代，人们经常共用一个杯子来喝酒。在他们右边的是长屋的已婚女子，她是一个人来的。他们右前方是一个过路的旅人，左前方是这之后要在夜晚的江户走街串巷做生意的按摩师，他正在填饱自己的肚子。二八荞麦面的客人形形色色。

不只是荞麦面店，江户时代，人们都在喝温酒。这似乎与当时的酒偏"辣口"有关。

---

[1] 江户时代以降喝日本酒时用的陶制酒杯。

现在，日本酒的"甜口""辣口"的程度是用"日本酒度"来表示的。在日本酒的酒瓶标签上，会用（＋）（－）的数值来表示日本酒度。（－）的数值越大，表示糖分越多，越偏甜。（－）6以上的被称为"大甜口"。相反，（＋）的数值越大，糖分越少，越偏辣，（＋）6以上的被称为"大辣口"。

1877年时，东京帝国大学农科大学的英国教师爱德华·金契（Edward Kinch）首次进行了日本酒的成分分析。根据他的分析，当时日本酒的酒度为（＋）11—18度，是大辣口（《日本的酒》，1964）。据此我们可以推断，江户时代的酒也是大辣口。

酒的口味会随温度而变化。温度越高，甜味越重，到35℃左右（这时的酒在日文中叫"人肌燗"，指跟人的体温差不多温度的酒）时，酒中的甜味最容易被人的味觉系统捕捉到（《日本酒》，1994）。把酒加热可以增加酒中的甜味，也可以使辣口的酒变得更好入口。因此可以理解为什么江户时代的人要把酒加热之后再喝。

另外，贝原益轩说过："不论冬天还是夏天，酒都不应该喝冷的或者烫的，而应该喝温的。喝烫的容易上头，喝冷的容易积痰，对胃也不好。（略）因此凡是喝酒，都应该喝温酒，温酒的温度既助阳气，又助消化。如果喝冷酒的话，就达不到只有喝温酒才能达到的这两个功效。"（《养生训》，1713）看来，江户时代的人喜欢喝温酒，也许还有养生方面的考虑。

还有一些晚上营业的荞麦面摊也卖温酒和下酒菜。《灶将军勘略之卷》描绘的夜间荞麦面摊的灯笼上，写着"二八荞麦面、温酒、鸡肉、鱼类"的字样（图36）。

在荞麦面店独酌是一大乐事。在小咄本《缘取话》（1845）中出现的正直荞麦面店（浅草马道）里，就有一个酒客打开铫釐，呼唤店员（图43）。酒井伴四郎有时也一个人进荞麦面店里喝酒。

那时候的江户有着数量众多的居酒屋，跟荞麦面店一样，用铫釐温酒提供给顾客。因为人们去居酒屋的目的就是喝酒，所以在居酒屋，往往是客人们长时间几个人一起喝酒（《居酒屋的诞生》）。与此相对，在荞麦面店，一般的喝法是在吃荞麦面之前小酌一杯。看酒井伴四郎在荞麦面店喝酒的记录也是，一个人去

图43 浅草的正直荞麦面店。（《缘取话》）

120

荞麦面店喝酒的时候，一般都只喝一两合就回去。即使是跟朋友一起去荞麦面店，喝的酒也不太多，似乎不会在荞麦面店停留太久。

另外，如图41、42所示，荞麦冷面是放在方形蒸笼里的。在蒸荞麦面的时代用来蒸荞麦面的厨具，此时被带到了食客的面前。西泽一凤曾说过："荞麦面有两种。（略）上菜时，荞麦汤面上是浇汤的，荞麦冷面则是放在小蒸笼里，蘸料放在小酒杯里。"此处也提到了荞麦冷面是放在小蒸笼里上菜的。（《皇都午睡》三编上，1850）

第二章

从蒲烧到鳗鱼饭

一

蒲烧

（一）以整条鳗鱼烤制的蒲烧

在荞麦面店之后出现的是蒲烧店。"蒲烧"这一名字的由来有很多说法，江户时代主要有三种。第一种是"桦烧说"，因为鳗鱼烤过之后的颜色很像桦树皮。黑川道祐是这种假说的主要提倡者（《雍州府志》，1684）。第二种是"香疾说"。因鳗鱼烤制后香气迅速四溢，故名"香疾"[1]。这种说法的主要提倡者是东山京传、小山田与清（《骨董集》，1814；《松屋笔记》，文化末年至弘化二年）。第三种是"蒲穗说"，从历史上来看，这种说法应该是最有可能的。

"蒲烧"一词较早的记载，见于《大草家料理书》（室町末年）：

　　　　宇治丸蒲烧的做法：先整只在火上烤过，然后再切开。刷上

---

[1] 发音与蒲烧相同。

酱油和酒，再刷上一些花椒、味噌，就能提供给客人了。

其中"宇治丸"指的是宇治川的鳗鱼。这种做法是把鳗鱼整条穿起来烤。这样烤出来的鳗鱼形状和颜色都很像蒲叶的花穗，因此叫作"蒲烧"，这就是"蒲穗说"。久松祐之的《近世事物考》（1848）中有如下记载：

> 现在大家把划开之后再烤的鳗鱼称为"蒲烧"，这其实是老式做法的名称。过去烤鳗鱼是把一长条鳗鱼整只竖着穿起来撒上盐来烤。这样烤出来的鳗鱼形状跟河边的蒲叶花穗很像，所以被称为"蒲烧"。现在的做法是不久前才出现的。按现在的做法烤出来的鳗鱼已经不像蒲叶的花穗了，但"蒲烧"这个称呼保留了下来。

久松祐之也提倡"蒲穗说"。同样地，斋藤彦麿在《神代余波》（1847）中说道：

> 过去的蒲烧是把整条鳗鱼从嘴到尾巴用竹签穿起来烤的，形状像蒲叶的花穗，所以被称为"蒲烧"。现在的蒲烧早就不像蒲叶的花穗了，倒是更像盔甲的袖口部分。

可见他亦提倡"蒲穗说"，并用图绘制了蒲烧的历史变迁（图44）。

到了江户时代，蒲烧的做法已经变成了将鳗鱼从后背或者腹

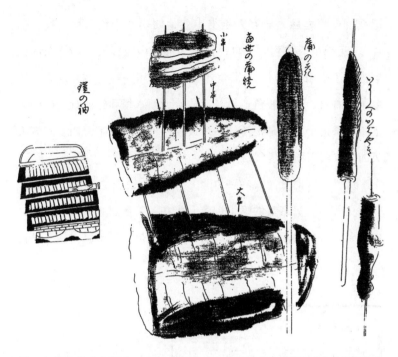

图44 蒲烧的变化历史。右起分别为"古时的蒲烧""蒲之花""当今的蒲烧""铠之袖"。(《神代余波》)

部划开，再用竹签穿上烤。虽然形状已经不像蒲叶的花穗了，但名称保留了下来。

(二) 裂鳗蒲烧

京都出版的小咄本《嘶物语》(1680)中的"鲟鱼蒲烧小咄"

记载：夜深之后，会有人走街串巷地叫卖"鳗鱼蒲烧，鳗鱼蒲烧"。蒲烧小贩来到叫住自己的客人的家中为客人烤制鳗鱼的景象被画了下来（图45）。蒲烧小贩将鳗鱼用一根竹签穿起来，用扇子扇着火，烤着鳗鱼。他身后放着大圆木桶和钉着打孔栓的砧板。看来这个小贩是把活的鳗鱼放在木桶里随身带着叫卖，有人买的时候就当场把鳗鱼划开来烤。

到了元禄时代（1688—1704），把鳗鱼划开之后再烤的做法变得更普遍了。京都的隐士远藤元闲在《茶汤献立指南》（1696）中写到"鳗鱼的蒲烧"时，提到"鳗鱼真是百吃不腻。做法是把

图45 京都的蒲烧小贩。（《噺物语》）

128

鳗鱼划开，在背部穿上两根竹签，再刷上酱油烤"。《好色产毛》卷三（1692—1697）"乘凉就去四条中岛"中，画着在四条河原的水茶屋前面，立着写有"现杀现做，美味鳗鱼"的灯笼，一名男子在烤蒲烧（图46）。由此可知他在卖切开的裂鳗蒲烧。灯笼上写着"划鳗鱼"，说明也在卖生的切开的鳗鱼，买家可以自己回去烤。

把鳗鱼划开之后再烤的这种料理方法出现之后，蒲烧一下子变得非常美味。而更多的人能品尝到蒲烧这种美味食物，是在蒲烧店得以发展之后。

图46 四条河原的蒲烧摊贩。灯笼上写着"现杀现做，美味鳗鱼"字样。（《好色产毛》卷三）

京都在很久以前就有蒲烧了。据说裂鳗蒲烧就诞生在京都，后来才传到江户。而把鳗鱼划开再烤的裂鳗蒲烧这种做法，在《料理盐梅集》的《天之卷》（1668）中有如下记载：

> 烤鳗鱼。去掉鳗鱼的大骨，刷好酱，酱油也多刷一些，表里烤透，甚至焦一点更好。再刷上花椒、味噌，再烤。

因为写明了要去大骨、表里都要烤透，所以一定是把鳗鱼划开之后再烤的。这大概是把鳗鱼划开之后再烤这种料理方法最古老的记录。

如同在"荞麦"的章节介绍过的，《料理盐梅集》的作者应该是江户人。蒲烧小贩们在京都走街串巷卖蒲烧的延宝年（1673—1681）之前，可能江户就已经有裂鳗蒲烧了。因此恐怕不能一概而论说裂鳗的技术都是从京都传来的。

另外，延宝年间关于蒲烧的诗句就已经在江户被吟诵了。池西言水编的俳句选集《江户蛇之鲊》（1679）中有如下诗句：

> やば焼や花待老の薬喰　一明
> 蒲烧如药膳，老人更长寿，待看明年花。　一明

意思是老人把蒲烧当药膳吃，等着看明年的樱花。说明蒲烧像兽类的肉一样，被当作寒冷天气中保养滋补的食品。

而不卜编的俳句选集《俳谐江户广小路》（1678）中，有如下诗句：

有難や鱧のかばやき浮び出

天鞁（鼓）か妄霊舌つゝみ打　卜円

难得蒲烧浮水面　天鼓之灵将鼓击　卜円

这句诗出自能曲《天鼓》。《天鼓》讲的是中国有个叫天鼓的少年，天神赐给他一个鼓，但他拒绝了皇帝召他去击鼓的命令，因此获罪，被沉于吕水（河名）。按照皇帝的旨意，他的鼓被搬到了皇宫，但无论谁去击鼓，鼓都无法发出声音。于是皇帝派遣了使臣，去召少年的父亲王伯进宫击鼓。在王伯的敲击下，鼓发出了美妙的乐声。为此感到悲伤的皇帝，在吕水之滨举办了一场器乐演奏会。于是天鼓的亡灵浮出吕水，击鼓而歌，"难得成佛啊……我浮出这吕水"，并随着音乐起舞。

这句诗就是来自这个故事，不过把剧情改成了天鼓闻到了蒲烧的香气，于是浮出吕水。他没有击鼓，而是咂舌感叹于蒲烧的美味。就像序章中介绍过的阎王被蒲烧的香气吸引，在六岔口迷路一样，天鼓也被蒲烧的香气吸引，其亡灵从冥界回到了现世。

江户人有可能在延宝年间就食用蒲烧。在记录了江户的人情笑话的口传文学《世间咄风闻集》（1694—1703）中，有一个暴食蒲烧的故事：

> 戌（元禄七年）六月，在本庄道贯为本多忠真设的宴席上，庄田小左卫门吃了六盅饭和八十切鳗鱼的蒲烧。

故事讲的是元禄七年（1694），大食量的庄田小左卫门在旗本本庄道贯家的宴席上吃了"八十切"蒲烧。一切是多大，我们现在已经无法得知，但无论怎样，"八十切"的分量一定很多。这个故事的真伪令人怀疑，但至少可以看出，那时江户人就在食用蒲烧了。《料理盐梅集》里也介绍了把鳗鱼划开再烤的料理方法，而从"八十切"这个说法来看，庄田小左卫门吃的蒲烧一定是"裂鳗"蒲烧。

（三）江户出现蒲烧店

五代将军德川纲吉在 1687 年二月二十七日，在江户发布了一项命令作为"生类怜悯令"的一环："禁止买卖作为食物的活鱼和活鸟。"（《德川实纪》第五篇）并进一步在 1700 年七月二十三日下命令道："鳗鱼、泥鳅均是在活着的状态下被买卖的。今后禁止鳗鱼和泥鳅的买卖。"（《江户町触集成》三六四〇）泥鳅还好，但鳗鱼就算买了活的回去，也只能：

さく事はおいてうなぎとつかみ合

剖不开鳗鱼，一场拉锯战

万句合　1752

釣って来た鰻は非なく汁で煮る

难得钓来鳗鱼，剖鱼技能皆无，无奈锅中煮

旁柳四　1782

うなぎを丸で貰ったもこまるもの

鳗鱼一整条，无处可下手

柳筥初篇　1783

　　像这些诗中所说的，表皮黏糊糊的鳗鱼，一般人很难划得开，需要有专门剖划鳗鱼的匠人。

　　这条禁令的出发点应该是德川纲吉认为把鳗鱼划开来卖是很残酷的行为。1707 年八月十一日，他下达了更严格的禁令：

　　一、鳗鱼和泥鳅之前已有过买卖禁令。今后听闻有买卖鳗鱼、泥鳅而不报告者，其生意将被禁止。

　　二、据悉，有些茶屋将鳗鱼说成是星鳗来卖。今后若发现此类情况，应一律进行逮捕。另外，相关行会的人若进行上述买卖，也将被逮捕。（《江户町触集成》四一三九）

尽管已经明令禁止过了，但"有些茶屋"还是有将鳗鱼伪装成星鳗，制成蒲烧来卖的情况。这次禁令正是说，如果发现做这种生意的人，应立即将其逮捕。因为茶屋一直把鳗鱼划开制成蒲烧来卖，只要把鳗鱼跟星鳗弄得看不出区别就可以了。可见那个时候江户似乎还没有专门的蒲烧店，但至少在1700年左右，江户已经有卖裂鳗蒲烧的地方。1694年时庄田小左卫门吃的"八十切"蒲烧可能就是从这种茶屋买来的吧。

如果禁令这样一直持续下去，对江户的蒲烧买卖肯定是巨大的冲击。两年后的1709年正月，德川纲吉去世了。虽然他留有遗言，要求第六代将军德川家宣继续执行"生类怜悯令"，但在德川纲吉去世十天后，德川家宣表示，"如果民众的生活因此（生类怜悯令）而陷入困难的境地，（略）则应与奉行等商议，以解除民众生活的困难为要任"，提出了废止"生类怜悯令"的方针。三月二日发布了以下命令：

> 先代将军曾下令将贩卖鸟类、鳗鱼、泥鳅的人投狱。此禁令从今日起废止，各人今后应当做当做之事。

此项命令废止了鳗鱼和泥鳅的买卖禁令（《文昭院殿御实纪》）。蒲烧店终于可以堂堂正正地卖蒲烧了。专门卖蒲烧的店铺也出现了。

近藤清春的《江户名所百人一首》（1731年左右）中绘制着

在深川八幡宫的门前打出"上乘佳酿 名物 大蒲烧"招牌的蒲烧
店（图47）。客人坐在折叠凳上，一边喝酒一边吃蒲烧。"上乘佳
酿"在此处指的是质量上乘的"下酒"[1]，店内深处放着酒樽。蒲
烧在这里被当作下酒菜。《续江户砂子》中有"深川的鳗鱼，鲜
有大的，大多比较小，甚是美味"的记载。而《江户总鹿子名所
大全》（1751）中也记载着"深川的鳗鱼乃是名产。八幡宫前有
众多卖鳗鱼的店"。看来当时深川已经是鳗鱼的知名产地，而八
幡宫前有多家卖蒲烧的店。

图47　深川八幡宫前的蒲烧店。招牌上写着"上乘佳酿 名物 大蒲烧"，店
内深处放着酒樽。(《江户名所百人一首》)

---

[1]　产自京都、大阪地区，被运送来江户的酒。

近藤清春描绘的蒲烧店只是像小摊一样比较简陋的店铺，后来出现了正式的蒲烧店。《绘本续江户土产》（1768）的"神田上水御茶水"描绘了神田川的上水管道旁边，挂着"大蒲烧"灯笼招牌在营业的森山蒲烧店（图48）。

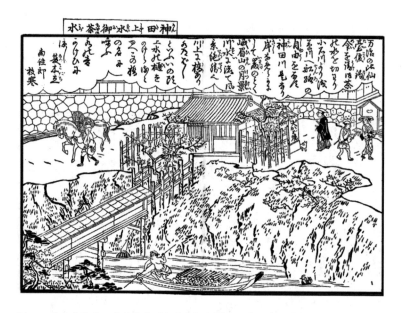

图48　森山蒲烧店。店前挂着"大蒲烧"字样的灯笼招牌。(《绘本续江户土产》)

（四）江户从背部划鳗鱼，京都从腹部划鳗鱼

在《茶汤献立指南》（1696）"鳗鱼蒲烧"一节中，有"从背后穿两根签子"的记载，介绍了把鳗鱼从背部划开的方法。而在

杂俳《锦之袋》(享保年中)中，有如下诗句：

追剥に背中割るゝ鰻裂き

划鳗鱼，自背始

看来开始时划鳗鱼都是从背部划的。后来逐渐形成了江户流行从背部划，京都流行从腹部划的趋势。

幕臣木室卯云在 1766 年应幕府的命令来到京都。他留下了如下记录：

鳗鱼以若狭鳗为名物。但当地人不知道从背后划开这种做法，都是从腹部划开。

看来他是来到京都以后，目睹了从腹部划鳗鱼的做法(《见京物语》, 1781)。后来，这种区别固定下来, 1803 年京都出版的《麻疹嘲》中记载了一个故事：渔民养在鱼塘里的鳗鱼因为得了麻疹而被放生到了河里。结果这条鳗鱼游过淀川，进入大阪湾，到了龙宫城，并把麻疹传染给了乙公主。气得龙王下令，把鳗鱼剖开，用签子穿起来，来给鱼儿们去除厄运。这则故事的插图中，鱼儿们举着的鳗鱼是从腹部被划开的(图 49)。

与此相对，山东京传的《小人国毅樱》(1793)描绘了小人国里人们做蒲烧的样子，其中的鳗鱼是从背部划开的(图 50)。

可见江户流行从背部划鳗鱼，京都流行从腹部划鳗鱼。

图 49　从腹部被划开的鳗鱼。(《麻疹噺》)

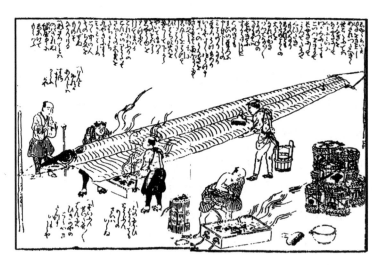

图 50　从背部划开的鳗鱼。(《小人国毅樱》)

二

蒲烧店和江户前鳗鱼

（一）鳗鱼成为江户前名物

挂着"大蒲烧"招牌的蒲烧店，在《江户名所百人一首》中也被描绘过。就在这一时期，"江户前"这个词出现了。杂俳《雨之落叶》（1733）中有如下诗句：

　　めづらしき事めづらしき事　江戸前の味は初めて釣り鯰
　　难得难得　江户湾鲇鱼　美味首次尝

江户附近原本是没有鲇鱼的，但在1728年九月初的江户大洪水之后，江户和近郊的河流、沼泽、池塘等地出现了鲇鱼。于是那时少见的鲇鱼被吟诵进了诗句。接下来是江户的地理志《续江户砂子》的"江户名产"中有如下记录：

江户前的竹筴鱼，美味肉肥，是江户前第一的名产。还有红鲷鱼、扁口鱼等，只要是在江户湾捕到的鱼，都被称为江户前鱼，均是佳品。

"江户前"这个词，最初是指在江户城前的海域或河流捕到的美味的鱼。而后，蒲烧店将鳗鱼也作为江户前的名物进行宣传，立起了"江户前大蒲烧"的招牌来卖蒲烧。《绘本江户土产》（1753）中有一幅画，画着一条从两国桥下面开出来的卖小吃的船，船头放着一个灯笼，上面有"江户前 大蒲烧 御吸物"的字样（图51）。评价鱼虾贝类的集子《评判龙美野子》（1757）也把鳗鱼列为"江户前的名物"，并在此基础之上进一步说："江户前

图51 卖"江户前 大蒲烧 御吸物"的船只。其上方为两国桥。（《绘本江户土产》）

的名物，纸灯笼大招牌。两三个街区前就能闻到香味。"也描绘了蒲烧店立起大灯笼招牌，来卖江户前名物蒲烧鳗鱼的样子。

(二) 江户前鳗鱼的品牌化

蒲烧店将鳗鱼作为江户前的名物来宣传、销售，这促进了江户前鳗鱼的品牌化。平贺源内说：

> 不管是去吉原，还是去冈场所，都要看缘分，也许遇到好的，也许遇到差的。不似江户前的鳗鱼和旅鳗的美味差别程度大。(《里之御环评》, 1774)

这里说的是吉原的游女跟冈场所的游女的区别，没有江户前鳗鱼跟其他地方的鳗鱼区别那么大。他这么评价，正是因为江户前鳗鱼比其他地方的鳗鱼好吃多了。日本的方言词典《物类称呼》(1775)中，"鳗鲡"一词的解释是：

> 在江户的浅草川、深川附近产的鳗鱼被称为"江户前"。其他地方产的鳗鱼被称为"旅鳗"。

在江户的浅草川（从隅田川的吾妻桥到下游的地区）和深川

捕到的鳗鱼被称为"江户前"，很受欢迎。而不是江户前的鳗鱼被称为"旅鳗"。江户前鳗鱼的品牌化进一步强化，《本草纲目启蒙》（1803—1806）中记载道：

> 江户的浅草川、深川附近产的鳗鱼被称为"江户前"，品质上佳。其他地方产的鳗鱼被称为"旅鳗"，品质下等。

这里更是将江户前和旅鳗的品质明确区分为"上佳"和"下等"。而记载了江户近郊物产的《武江产物志》（1824）中则提到：

> 丸之内、筑地、两国川（隅田川）捕到的鳗鱼被称为江户前。除此之外，在本所川、千住、高轮前捕到的也算。夏天捕到的最好。它们食用蚯蚓。

这里也是把筑地、隅田川等地的鳗鱼称为江户前。

"江户前"就这样被限定为某些区域产的鳗鱼。但江户前的水产类则扩展到更广的范围。1819 年，日本桥鱼市场买卖鱼类的批发商在给肴役所（设置在日本桥鱼市场的幕府机关）的答复书中写道：

> 西起武州[1]品川洲崎这片狭长区域，东至武州深川洲崎的狭长区域，以此两处为界，从羽根田海到江户前海，从下总海到江户入海口的这片海域，古来便被称为江户前海。(《东京市史外篇日本桥》)

在日本桥卖鱼的批发商把在羽根田到深川之间捕到的鱼称为"江户前"。

可以推断，一般来说在这一区域内捕到的鳗鱼都称为江户前。这种把特定区域内捕到的鳗鱼称为江户前鳗并认为其价值高的倾向，到明治时代都还在持续。蒲烧的名店山谷重箱的主人大谷义兵卫表示："江户前鳗从以前就一直广受赞美，而芝浦一带，尤其是在滨松町的海岸捕到的鳗鱼尤其是最上品。"(《妇人世界临时增刊》1908 年 5 月) 而 1871 年出生的新派演员伊井蓉峰也说过："虽然这个季节基本上没有，但真正的江户前鳗鱼，还是佃[2]到芝浦、深川的隅田川河口一带的最好，但能捕到的也很有限。"(《味觉极乐》)

江户的蒲烧店把鳗鱼打造成江户前的名物来宣传、销售的经营策略获得了成功。而江户前鳗成为一种品牌化的鳗鱼，附加价值也得到了提高。

---

[1] 即武藏，现在的东京都（不含岛部）、埼玉县、神奈川县东北部区域。

[2] 现在的东京都中央区区域。

现在有些地域特产的"品牌鱼",如"关竹荚鱼""大间金枪鱼"等,广受好评。而江户前鳗鱼的品牌化,则从两百四十多年前就开始了。

(三) 蒲烧店主打"江户前大蒲烧"

就像荞麦面店打出了"二八"的招牌一样,在江户前鳗品牌化的过程中,蒲烧店也开始打出"江户前大蒲烧"的大招牌来营业。《绘本江户大自慢》(1779)中画着一家蒲烧店,店前竖着"江户前大蒲烧"字样的大招牌,而相应的文字部分写着"招牌上写着'江户'的字样,实在有些奇怪。但鳗鱼确实是当地的名物,十分美味"(图52)。看来这是以产地自销为卖点的营业方法的先驱。文中还说江户的店铺在招牌上写"江户"的字样有些奇怪,但鳗鱼确实是江户的名物,所以无所谓了。从图上可以看到,在店铺入口处,店员正用团扇扇风烤鳗鱼,店里的水缸里还养着活的鳗鱼。就像这样,江户的蒲烧店用水缸养着活鳗鱼,需要的时候就当场划开,在店门口烤制,以香味吸引客人。

江戸前の風は団扇でたたき出し

江户前,挥团扇,风阵阵

柳其二　1820

图 52　立着"江户前大蒲烧"招牌的蒲烧店。店员在店门口烤蒲烧。店内水缸里养着活的鳗鱼。(《绘本江户大自慢》)

　　团扇扇得蒲烧香味四溢，吸引得路过店门前的父子俩忍不住往店里看。

　　顾客里也有对江户前鳗鱼特别讲究的人。《唯心鬼打豆》（1792）中就绘有两个客人在蒲烧店质问正准备划鳗鱼的店主说"这个鳗鱼不是旅鳗吗"的场景（图 53）。

　　而蒲烧店也把江户前鳗作为卖点。鸟亭焉马为蒲烧店"大阪屋金兵卫"写的《江户前大蒲烧报条》中提到"能区分江户前鳗鱼和旅鳗，（略）就像花魁会区分客人"。这个宣传语说的是店家

图 53 "江户前大蒲烧"的店铺。两个客人正看着店员划鳗鱼。(《唯心鬼打豆》)

能分辨鳗鱼的种类，就像游女善于分辨客人一样（《狂言绮语》，1804）。

《近世职人尽绘词》（1805）中描绘了在打出"江户前大蒲烧"招牌的蒲烧店门口烤着蒲烧的女性对客人说"我们家不卖旅鳗，都是卖的江户前鳗鱼，还是大串的"，而客人被吸引进了店（图54）。

江戸ならば江戸にして置け安鱧

便宜旅鳗，自称江户前，且让他说去

柳一一二　1831

图 54　江户前大蒲烧的店铺。图上文字写着"我们家不卖旅鳗，都是卖的江户前鳗鱼，还是大串的"。(《近世职人尽绘词》)

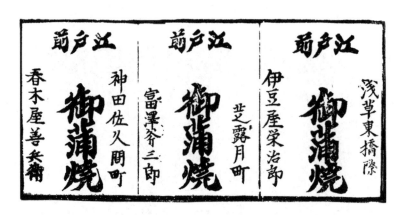

图 55　部分 "江户前御蒲烧" 店铺。其中有自称是丑之日元祖的春木屋善兵卫。(《江户名物酒饭手引草》)

　　明明使用的是便宜的旅鳗，却自称是用了江户前鳗，这种店就随他说去吧。事实上，旅鳗的价格要便宜很多。

　　临近幕末的 1848 年刊行的江户餐饮店广告集《江户名物酒饭手引草》中记载了 90 家蒲烧店，这些店都自称是 "江户前御蒲烧"（图 55）。现在主打 "江户前" 的一般是寿司店，而在江户时代，是蒲烧店在招牌上写着 "江户前"。

三

土用丑之日吃蒲烧

（一）"丑之日吃鳗鱼"的习俗

蒲烧店还将土用丑之日[1]与吃蒲烧结合起来，进一步促进了蒲烧的销售。而关于在土用丑之日吃鳗鱼这个习俗的由来，《明和志》（1821）中记载道：

> 最近，（略）在进入伏天之后，人们会在丑日吃鳗鱼。（略）这一习俗始于安永、天明年间。

《万叶集》中有诗云："夏日苦清瘦，闻宜食鳗鱼。"[2]（大伴家持）自此之后，鳗鱼能缓解夏季消瘦的观点留传下来，《养生训》

---

[1] 伏天之间的丑日，是一年中最热的时候。

[2] 《万叶集精选》（增订本），钱稻孙译，文若洁编，曾维德辑注，上海：上海书店出版社，2012，第301页。

的作者贝原益轩引用了大伴家持的这首诗，还说鳗鱼有益于治疗苦夏之症（《大和本草》，1709）。

而鳗鱼有益于治疗苦夏之症的观点又与土用丑之日结合，催生了在土用丑之日食用鳗鱼这一习俗。关于这一习俗的诞生，也有诸多说法，最有名的是平贺源内提议说。据说有家蒲烧店向平贺源内请教如何才能让生意红火起来，平贺源内的回答是，只要把写着"今日为土用丑之日"的招贴贴在店门外，自然就能吸引来无数客人。平贺源内作为高松藩的藩士，于1756年来到江户。在此期间他曾经在长崎游学，但总体上，直到1779死于狱中，他基本都住在江户。他生活在江户的时间与土用丑之日开始食用鳗鱼的时期正相当，所以平贺源内提议说至少在时期上是站得住脚的。但是，现存的文献中没有能证明这一假说的记载，而且在这一习俗尚未成立的时期，店家贴出"今日为土用丑之日"的招贴，客人们就能理解其意思，纷纷购买，令店家的生意红火起来吗？这一点是值得怀疑的。

还有一个广为人知的假说，就是神田和泉桥的春木屋善兵卫起始说。《江户买物独案内》（1824）中记载了22家蒲烧店的名字。其中只有春木屋善兵卫这一家自称是"丑之日元祖"（图56）。春木屋是1815年的"江户华名物商人评判"餐饮店排行榜中的名店，但"春木屋"这个店名再往上追溯就没有记载了，所以无法确定这家店是在土用丑之日食用鳗鱼这一习俗开始的时期开始营业的。

图56　春木屋善兵卫的店铺。写有"江户前丑之日元祖"字样。(《江户买物独案内》)

而通过《易经》来观察事物世相的丈我老圃，则在《天保佳话》（1837）中说道：

　　土用鳗鱼。在土用丑之日食用鳗鱼，是因为鳗鱼能治疗苦夏消瘦之症。尤其，丑之日是土属性，土用中的丑之日，更是属性相乘，效果更佳。

中国自古就有的五行思想认为，宇宙中的万物，无论有形无形，都分属于"金木水火土"这"五行"中的某一种。而"土用"这一季节和十二地支中的"丑"是"土"属性。吃鳗鱼能缓解夏季苦夏消瘦，而根据五行思想，在"土"属性重合的土用丑之日吃鳗鱼，效果更佳。丈我老圃提倡土用丑之日食用鳗鱼是基于五行思想。

（二）丑之日食用鳗鱼习俗的全年化

土用丑之日食用鳗鱼的原因虽然没有定论，但这一习俗还是慢慢确定了下来。

1808年闰六月八日开始在市村座[1]上演夏狂言[2]，在鹤屋南北创作的《彩入御伽草》"两国鳗屋场"中，鳗鱼店的八郎兵卫说："夏日内的表演，土用内的丑日鳗鱼。我跟其余的朋友吃的都是江户前，但都只有小鱼。""小鱼"指的是小的鳗鱼。

这一时期，人们开始使用"丑日鳗鱼"一词。就像"土用丑之日食用小串的鳗鱼，四十八文钱"（《我衣》卷八，1811）说的，在土用丑之日鳗鱼会涨价。宽政改革中的1791年，"鳗鱼蒲烧小串，由每串八文钱降价一文，每串卖七文钱"，虽然当时是按命令降价了（《市中取缔类集一》），但在宽政改革结束后的1806年又回到了原来的价格——八文一串（《戏场粹言幕之外》，1806）。1811年左右一小串的鳗鱼价格大约为八文钱，可以得知到丑之日时，其价格竟上涨到了原来的六倍。

---

[1] 江户三大歌舞伎剧场之一。

[2] 江户时代，在夏天以年轻演员为中心上演的歌舞伎表演。

即使如此，在土用丑之日，蒲烧店仍会变得极其繁忙。

丑の日に籠でのり込む旅うなぎ

丑之日，旅鳗救急

柳七三　1820

在丑之日，只用江户前鳗鱼不够的话，店里连旅鳗也会用上。

土用丑のろのろされぬ蒲焼屋

土用丑之日，闲不下来的蒲烧店

柳七四　1822

到了土用丑之日，蒲烧店十分繁忙。

丑の日にぬらくらしたものを喰

丑之日吃腻滑的食物

柳八六　1824

看来在丑之日吃蒲烧的习俗变得全年化了。[1]

---

[1]　一年有四次土用，春夏秋冬各一次。

在江户的町人文化最繁盛的文化、文政年间，土用丑之日时，江户市民竞相食用蒲烧，也出现了春木屋这样自称"丑之日元祖"的蒲烧店。

就像巧克力业界通过将巧克力与情人节结合起来获得了成功一样，蒲烧业界也成功地把鳗鱼和土用丑之日结合了起来。

四

蒲烧的烤法与酱汁

（一）蒲烧的烤法

蒲烧业界有"穿串三年，划鳗鱼八年，烤鳗鱼一生"的说法。虽然蒲烧匠人需要练习穿串和划鳗鱼的年数各不相同，但都需要用一生的时间不停止地练习烤鳗鱼。这说明蒲烧的烤制不仅很难，而且是整个工序中最重要的一环。

蒲烧的烤法，根据《游历杂记》五篇（1825）中的记载（后述），"如果以小火烤太久，则容易烤焦，流失油分"，所以要"以大火一口气烤成"。因此：

> 蒲烧はあをぐじゃなくて引っぱたき
>
> 蒲烧不应轻扇，而应强风扇

柳五二　1811

蒲烧烤制的时候，应该用团扇一直扇强风，让炭火不至于太旺，避免鳗鱼被烤焦。因此，比起折扇，烤蒲烧时更适合用团扇。最开始人们是用折扇，后来逐渐演变为用团扇，这个过程可以从上文图例中看出来。江户的蒲烧店通过钻研，提高了烤蒲烧的技术，让蒲烧更佳美味。

在烤蒲烧时，扇团扇的声音和烤制散发出的香味，成为蒲烧店重要的宣传，因此江户的蒲烧店都是在店门口烤蒲烧。《三世相郎满八算》（1797）中记载的蒲烧店，也是在店门口烤蒲烧，路过店门口的路人说"嗯，这个味道真是让人难以抗拒"（图57）。

图57　在店门口烤蒲烧的蒲烧店。能看见女店员在烤蒲烧。纸拉门上写着"附带米饭"。（《三世相郎满八算》）

小咄本《坐笑产》（1773）的"蒲烧"一节中记载了如下这则小笑话：

> 每天经过鳗鱼店前，闻到香味，都说"这个味道真是太香了"。除夕那天再次经过鳗鱼店前被店家叫住了。"您每天经过我家店门口都闻到了烤蒲烧的香味，嗅闻费一共是六百文。""那很便宜啊。"说着就从口袋里拿出六百文钱投掷了一下，"费用就用钱的声音来支付吧。"

用银钱的声音来支付鳗鱼香味的费用，实在是富有智慧的回答。还有诗云：

> うなぎやの隣茶漬を鼻で喰ひ
>
> 鳗鱼店旁，鼻食茶泡饭
>
> 柳一一一　1830

1825年六月，江户小日向本法寺的住持大净敬顺去拜访越谷（埼玉县越谷市）的富裕友人家。在那里，朋友招待他吃了极其美味的蒲烧。于是他向朋友询问了美味蒲烧的制作秘诀（《游历杂记》五篇）：

> 这样的鳗鱼，在江户也有很多烤法。著名的大和屋、深川屋、大和田、福本、铃木等，都以烤鳗鱼的美味著称，但都不如我们这

次吃的。因为太好吃了，不禁以为是江户前鳗鱼，如此色泽青丽。一问主人，主人却说，此鳗鱼乃是在当地的河里捕到的，并不是江户前鳗鱼。用江户的方言来说，这种叫作旅鳗。重要的是鳗鱼的烤制方法。先把鳗鱼白烧[1]，鱼肉膨胀之后趁热放进食盒，把食盒压好，盖上盖子焖制。另将酱油三合、料酒一合、白砂糖二十匁[2]一起煮，冷却之后用这个酱汁来渍鳗鱼，然后再烤。如果用小火烤太久的话容易烤焦，油分也会流失，所以需要用大火一口气烤好。鳗鱼的品种还在其次，烤制的方法才是最重要的。

听到主人对烤制方法的介绍之后，敬顺也认同"烤制的方法才是最重要的"。这里对蒲烧的烤制方法进行了详细的说明，其中还没有用专门的蒸具来蒸鳗鱼，只是在白烧之后趁热放进食盒里来焖制。

现在东京一般采用把鳗鱼白烧之后焖制，再刷上酱汁烤的方法。但这一方法在江户时代的记录中无法获得确认。

（二）大正时期确立的蒸鳗鱼技术

明治时代过半以后，料理书籍中开始出现蒸鳗鱼的方法记录，

---

[1] 不加调料、油等，将食材直接烤的料理方法。

[2] 旧时日本重量单位。一匁为 3.75 克，相当于 1 枚 5 日元硬币的重量。

跟现在的方法尚不相同。《料理手引草》（1898）中有"蒲烧都应用金属串来穿。鳗鱼烤过之后再蒸更美味"的记载，但蒸过之后是否还要再烤则不明确。《食道乐·春之卷》（1903）中记载蒸过之后还要再烤，但"鳗鱼的蒲烧应该是把划开的鳗鱼先蒸一下，然后一边刷酱汁一边在火上烤，然后再迅速蒸一下，之后再迅速烤一下，这样做出来的最为上品"，介绍的是烤之前先蒸，烤之后再蒸一次，最后再烤好的做法。

《料理词典》（1907）中也记载了相同的料理方法："把鳗鱼放在炭火上烤，刷上酱汁。而要让烤出来的蒲烧更美味，需要在烤之前蒸一次，烤好之后再蒸一次，蒸好之后最好再烤一次。"

看来，明治末期虽然已经在烤鳗鱼的时候加入了蒸这道工序，但还没有形成现在普遍的料理方法。

而蒲烧店方面，曾经开在深川的蒲烧名店"深川八幡前 宫川"的店主（初代店主）在《月刊食道乐》（1907年8月号）的访谈中介绍他家的店"于明治二年（1869）在此地开了第一家鳗鱼店"，并在进一步谈到"鳗鱼酱汁的做法"时说道：

　　酱汁的做法是最关键的。做烤鳗鱼的酱汁，需要万上味淋、龟甲万或山佐酱油，以味淋四成、酱油六成的比例以二分小火炖煮，把这样做成的酱汁在鳗鱼上刷三遍。这样做出来的烤鳗鱼是最符合大家的口味的。

上述介绍并没有提到需要蒸。

而在木下谦次郎的《美味求真》（1925）中有如下记载：

> 百匁（375克）以上的话做成三切或四切，五十匁以下的话
> 做成两切比较合适。横着穿上签子，先用大火烤一下鱼身，然后
> 翻面，两面都烤一下。放入蒸笼中蒸五六分钟，再用大火烤，浸
> 上准备好的酱汁（酱油和味淋各半混合后煮），再用火烤至蒲黄
> 色，就着签子一起放入餐具中，撒一点山椒粉，即可上菜。

上述记载就已经跟现在一般的蒲烧做法一样了。明治末期，
接手了"宫川"这家店的宫川曼鱼（1886年生）在《深川的鳗
鱼》（1953）中如是说道：

> 白烧之后，将鳗鱼放入蒸具中蒸，而蒸的时间因火力的强弱、
> 鳗鱼产地的不同不能一概而论。要用一句话来总结的话，就是夏
> 天的鳗鱼蒸的时间短，秋冬的鳗鱼蒸的时间长一点。鳗鱼放进蒸
> 具中之后，看好时间，每一串都需要视情况调整蒸的时间，再把
> 蒸得一样的鳗鱼放在一起，刷上酱汁，放到火盆上烤，最终制成
> 烤蒲烧。

看来宫川的蒲烧做法也包含蒸这道工序。现在一般先白烧再
蒸，最后刷上酱汁烤制的做法，是在大正时代确立的。

（三）钻研酱汁

蒲烧在江户获得青睐，与人们对蒲烧酱汁的钻研也密切相关。

烤蒲烧时使用的调料，在《大草家料理书》中有"加酱油和酒。上菜时再加上山椒味噌"的记载，看来是使用了酱油、酒、山椒味噌。

江户的蒲烧店应该是从很早以前就开始在酱汁中使用酱油了。山东京传的《小人国毅樱》（1793）中记载的，是用刷子把酱油刷到鳗鱼上再烤（图50）的做法。而《振鹭亭噺日记》（1806）"蒲烧"一节中则收录了如下一则小笑话：

> 鳗鱼父子俩一起在河里游啊游，来到了驹形附近。小鳗鱼问："爸爸，这附近是有什么吃的，闻起来这么香？买给我吃好不好？"大鳗鱼骗它说："这个是叫作蒲烧的食物的味道。谁要是哭闹的话，就会被抓去，刷上酱油烤。你还不快闭嘴！"而小鳗鱼果然还是个孩子。它一边舔着自己的尾巴，一边闻着蒲烧的香味，后来忍不住了，干脆吃了起来。它吃着吃着，最后就只剩下一个头了。它忍不住哭着说："爸爸，我好痛啊！"而大鳗鱼却说："看你这样子！干脆被猫吃了算了！"

这则故事里，小鳗鱼求着爸爸给自己买的蒲烧店的蒲烧，也是"刷上酱油烤"的，可以说明当时刷酱油来烤鳗鱼已经是普遍的做法了。

在洒落本《曲轮的茶番》（1815）中登场的人物曾做过这样的评价："下谷的穴鳗，直接就用酱油刷了，这是不对的。而银座的铃木的太甜了，也不好。"因为提到了"下谷的穴鳗，直接就用酱油刷了，这是不对的"，所以可知当时的蒲烧店一般是把酱油和酒炖煮后再冷却，放入壶中醒一段时间再来做烤蒲烧的酱汁的。时间稍微往后一些，在1837年有诗云：

血脉たへぬ鰻屋の醤油壺
鳗鱼店的酱油壶，源源不断

柳一六五

这首川柳说的正是把白烧之后的鳗鱼放到酱油壶里蘸上酱汁。

本书"荞麦"一章中曾介绍过，在文化、文政时期（1804—1830），味道较重的关东地区产的酱油取代了关西地区产的味道较淡的酱油，被大量引进江户。这一时期烤鳗鱼时使用的酱油，一定是适合蒲烧酱汁口味的味道较重的酱油。

此外，这个角色还说"而银座铃木的太甜了，也不好"。"铃木"是《游历杂记》中介绍过的银座尾张町的知名蒲烧店。山东京传的《早道节用守》（1789）中描绘了这家店。这家店的招牌和拉门两边都写着"附带米饭"，是在宣传他家不仅提供蒲烧，还提供米饭（图58）。这家店为了让蒲烧的味道更下饭，钻研出了用味淋来增加酱汁甜味的方法，但这种味道在当时还不普遍，

图 58　蒲烧店铃木。灯笼招牌上写着"铃木　附带米饭"，纸拉门上也写着"附带米饭"。(《早道节用守》)

也许有些江户人还有点吃不惯吧。

味淋比较甜，原本是女性喜欢的酒类，在江户后期也开始作为调料使用，到文化年间，已经成为一种很普遍的调料。

有可能在这一时期，江户的蒲烧店就在熬制酱汁时使用味淋了。而根据《游历杂记》的记载，1825 年时，蒲烧的酱汁中使用了味淋。作者大净敬顺走访到越谷，当地离料酒的产地流山很近，因此留有具体的使用料酒的例子。

下总国（千叶县）的流山，从安永到天明年间（1772—1789）

开始了味淋的酿造。从 1833 年开始，我们可以知道当地味淋的产量。1833 年，酿造商堀切家和秋元家一共酿造了九百二十五石三斗六升味淋。其中，堀切家的记录不明，而秋元家酿造的味淋有 75% 都被运送到了江户（《流山的酿造业Ⅱ》）。可见流山产的味淋多被运送到江户，为味淋在江户的普及做出了贡献。

制作蒲烧酱汁时使用酱油和味淋的做法也逐渐在江户的蒲烧店普及。《守贞谩稿》卷六《生业》中记载道："江户在制作蒲烧时，要用到酱油和味淋。而京阪地区则要用到多种白酒。"

宫川曼鱼还说过："酱汁的做法是，选取上好的味淋炖煮，加入同等分量的关东产酱油，加热混合均匀。这种蒲烧酱汁的配比叫作'同割'。但不同店家的味淋与酱油比例多少有些不一样。"（《深川的鳗鱼》）

（四）蒲烧的上菜方法与山椒

蒲烧的上菜方法，京阪地区和江户不同。在小咄本《福三笑》"武藏屋"（1812 年左右）中，一位江户商家的老板在料理茶屋招待从京阪地区来的客户。当蒲烧上桌的时候，客户抱怨道："哎呀，这是什么菜啊，怎么连签子都没取就上到客人面前了。"对此，老板回答道："您这么说就不对了。这个叫作蒲烧，就是要穿着签子上菜的。"

《守贞谩稿》卷六《生业》中也提到蒲烧的上菜方法，京阪地区是"把签子取了，盛在碗里上菜"，而江户是"不取签子，放在盘子里上菜"，由此可知江户上蒲烧的时候是不取签子的。

为永春水的人情本《春色梅儿誉美》初篇（1832）中，吉原游女店唐琴屋的养子丹次郎在深川的高桥附近偶然遇见了自己的未婚妻阿长。两人一起进了一家鳗鱼店的二楼。女店员问："请问吃什么？"丹次郎点菜说："要三盘中等大小的。"蒲烧来了之后，丹次郎对阿长说："你把蒲烧的尾巴都夹走吧。"

歌川广重《狂歌四季人物》（1855）的"土用鳗客"中，描绘了两个人吃蒲烧的样子。其中一人用手拿着签子正在吃，另一个人右手边摆放的盘子里面有他吃过之后剩下的签子（图59）。

图59 穿着签子的蒲烧。一人用手拿着签子正在吃，另一个人右手边摆放的盘子里面有他吃过之后剩下的签子。（《狂歌四季人物》）

顺便一提，江户时代，大家认为鳗鱼最好吃的部位是尾巴。所以《春色梅儿誉美》中的丹次郎会对阿长说"你把蒲烧的尾巴都夹走吧"。同样，在为永春水的《春告鸟》三篇（1837）中，梅里去情人阿熊家拜访，从亲父桥的大和田点了蒲烧外卖。他"一边说拿个盘子来，一边拿下了外卖食盒的盖子，首先把最好吃的尾巴部分夹下来放到盘子里"，再放到阿熊的面前（图60）。

　　另外，这种蒲烧的外卖也十分常见。《守贞漫稿》卷五中有"江户的鳗鱼店给很多人家外送蒲烧。多放在如图所示的黑提盒

图60　蒲烧外卖。放在黑色的提盒中，提盒手柄上有"大和田"的字样。食盒盖子下面夹着一张白纸。（《春告鸟》三篇）

166

中，并在盖子下面夹一张白纸"的记载（图略）。

　　而蒲烧和山椒的组合更是有着悠久的历史。《大草家料理书》中有加山椒味噌来烤蒲烧的方法，说明人们很早就知道蒲烧跟山椒的味道很配。用山椒味噌来烤蒲烧时，就不需要再另加山椒了。而在蒲烧的酱汁中使用酱油这种做法普及之后，蒲烧的酱汁中不再使用山椒，但在最后烤蒲烧的时候会撒上一些山椒。式亭三马《戏场粹言幕之外》（1806）的"鳗屋"一节中，也是说把山椒撒在蒲烧上。而尾张藩士的江户见闻录《江户见草》（1840）中记载了蒲烧店把山椒粉装在小纸包里跟蒲烧一起上菜的样子。现在一般的做法是把盛有山椒的容器放在桌子上，但人们常常会碰到山椒已经变成茶色、风味有损的情况。纸包里的会不会是新鲜的绿色的山椒呢？《守贞谩稿》卷五《生业》中也写到，蒲烧"一定要配上山椒"。

五

鳗鱼饭

（一）始于配饭

现在我们去餐厅吃蒲烧时，通常是点"鳗鱼丼"[1] 或"鳗鱼重"[2]。店里的菜单也以鳗鱼丼和鳗鱼重为主。在江户时代，蒲烧店在提供鳗鱼丼之后，进一步扩大了顾客群。在鳗鱼丼之前则是给蒲烧配上米饭。蒲烧店大约是在土用丑之日食用烤鳗鱼这一习俗开始的时期开始提供配饭的。黄表纸《女嫌变豆男》（1777）中描绘的蒲烧店，招牌灯笼上写着"江户前 大蒲烧 有配饭"的字样（图61）。《江户名所百人一首》（1731年左右）中的蒲烧店如图47所示，当时蒲烧是下酒菜，并不提供米饭。所以提供米饭的蒲烧店有必要专门宣传自己"有配饭"。

比《女嫌变豆男》晚五年刊行的《七福神大通传》（1782）中

---

[1]　通常是放在圆形的碗中。

[2]　通常是放在方形的漆器食盒中。

图 61　蒲烧店的招牌上写着"有配饭"的字样。(《女嫌变豆男》)

记载了提供配饭的理由，蒲烧店是这样解释的：

现在有很多煮卖店[1]和居酒屋，可见喜欢喝酒的人很多。江户前大蒲烧的名店也有很多，这些店跟居酒屋不同，但跟居酒屋一样提供酒。在居酒屋喝多了之后红着脸进蒲烧店的人不计其数。无论多么喜欢鳗鱼，不能喝酒的人很难走进蒲烧店。外带的话，竹叶的包装放在衣袖里，既扯得衣袖变形，又会在衣服上留下蒲烧的味道。所以不能喝酒的人，最终只是闻着味道，从蒲烧店前路过。大通天菩萨慈悲，赐给江户中的蒲烧店白米，（略）江户中的蒲烧店，开始给蒲烧配上米饭，于是无论能不能喝酒，人们都能进蒲烧店吃饭，他们的钱财，也都贡献给蒲烧了。

这里描绘的蒲烧店的隔断上挂着写有"有配饭　大蒲烧"字样的灯笼。店前的女性，以及包括女性在内的五人组的视线，都朝向店里，可见当时的蒲烧店也引起了女性顾客的注意（图 62）。

在"荞麦"一章中笔者引用过《七福神大通传》中的故事。这里通过大通天的比喻来说明蒲烧店通过提供配饭的方法，不只吸引了一直以来的酒客，还吸引了女性、孩子和不能喝酒的人，进一步扩大了蒲烧店的顾客群。

江户市民平常就食用白米。当时的江户到处都有捣米店，把

---

[1]　指在江户时代卖煮鱼、煮豆、煮菜等食物的店家。

图 62　配有米饭的蒲烧店。灯笼上写有"有配饭""大蒲烧"字样。

糙米脱壳制作成精米销售。还有捣米匠挑着担子走街串巷，为需要的人捣米，赚一些劳力钱。而关于常食用白米的利弊，医师香月牛山的《牛山活套》（1699）中是如此说的：

> 近来，士官和商人来到东武（江户）之后，常常觉得气虚、双腿无力、脸部浮肿、食欲不振。这种情况俗称"江户烦"。这都是水土不服引起的。当他们回到家乡，比如只要越过箱根山，很多病症就不治而愈了。

香月牛山把"江户烦"归结于水土不服，但这些显然是长期食用白米引起的维生素 B_1 不足（脚气）的症状。从元禄时代开始，脚气病变得很常见。

蒲烧店提供的配饭是白米饭。蒲烧的味道跟白米饭很搭，蒲烧也因为搭配白米饭，而变得更加美味。

《明鸟后正梦》初编（1821）中画着春日屋的恶管家全六在一家蒲烧店的二楼，同时点了"蒲烧、酒和米饭"吃吃喝喝的场景（图 63）。蒲烧既可以下酒，又可以下饭。从画中我们可以看到，配的米饭是放在食箱里、盛到碗里的。可以知道当时配饭是盛在茶碗里提供给客人的。而蒲烧则穿着签子，被盛在盘子里。放着

图 63　蒲烧店的二层。配的米饭放在食箱中。(《明鸟后正梦》初编)

食箱和蒲烧盘子的托盘是直接放在座席上。江户时代的餐饮店没有餐桌，直接把盛着料理的盘子、瓶子等放在托盘里置于座席上。店前立着"大蒲烧"的招牌，烤蒲烧则在店的入口处进行。在蒲烧店，客人一般都是在二楼的座席吃蒲烧。宫川曼鱼也说："到明治时代，鳗鱼店多把厨房区安排在路边，二楼作为客人吃饭的区域。"(《深川的鳗鱼》)

(二) 蒲烧店的繁盛

蒲烧店因提供配饭而得到了进一步繁荣。根据 1811 年町名主向奉行所提交的"食品类商家"数量调查，江户的蒲烧店达到了 237 家（《类集撰要》四四）。这之后蒲烧店的人气有增无减，冈田助方的《羽泽随笔》（1824 年左右）中有如下记载：

> 到四五十年之后，大概也还是现在这样，街上各处都有鳗鱼店。现在，市里不管多偏僻的地方，都有蒲烧店。在鱼类中，鳗鱼是味道最醇厚的。虽然烤鳗鱼的价格不便宜，但十个人中有八九个都喜欢吃烤鳗鱼。很多烤鳗鱼的食客，甚至不惜为此花费重金。

蒲烧店的数量越来越多，市内到处都有蒲烧店，江户市民也都很喜欢吃蒲烧。甚至出现了这样的诗句（图 64）：

图 64　树立着"大蒲烧"旗
帜的蒲烧店。(《种瓢》初集）

団子よりうなぎのはやる浮世なり

蒲烧比团子更流行，如今这浮世

《种瓢》初集　　1844

　　序章中介绍的《气替而戏作问答》中有"鲜花比不上团子，
色欲比不上食欲"这样的说法，团子被视为食品的代表，在江户
非常有人气。而蒲烧竟然比团子更受欢迎，可见其人气之高。

对蒲烧店进行排名的排行榜也出版了。1852年出版的蒲烧店排行榜《江户前大蒲烧》中有220家蒲烧店榜上有名（图65）。其中，被列为西边的大关（最高位）的是大黑屋。关于这家店，《东京名物志》（1901）中绝赞道："都内鳗鱼料理巨擘都推荐这家店。（略）不只有鳗鱼的美味，还有温酒的醇香、酱菜的上佳、米饭的精细，简直就是烤鳗鱼店中的'八百善'。"大黑屋是蒲烧店中最高级的，其蒲烧的美味自不必说，温酒也出类拔萃，酱菜

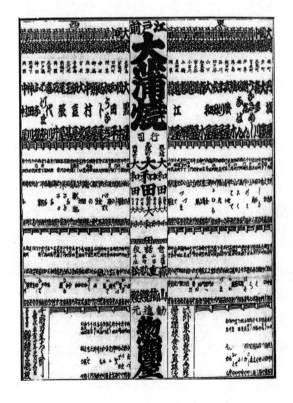

图65 蒲烧店的排行榜。有多家名为"大和田"的店铺。榜上可见西边的"大关"大黑屋。（《江户前大蒲烧》）

也十分好吃，米饭的米也是经过了精选，跟当时最著名的餐饮店"八百善"相比也毫不逊色（为了保持温酒的风味，用过的酒瓶洗过之后，当天就不再使用，煮米饭也是老板娘在亲自检查，经营得十分用心）。大黑屋把对蒲烧店来说重要的蒲烧、酒、酱菜、米饭都做到了极致。后来大黑屋停业了，而这个排行榜里的"山谷　重箱"（搬到了赤坂）、"浅草　前川""浅草　奴鳗""明神下　神田川"等蒲烧的名店，一直生意兴隆地经营到了今天。

羽仓简堂（1790—1862）在《简堂先生笔录》中说道："江户蒲烧店凡千许。而出名的，不过两百来家。我把其中最好的店圈出来。但蒲烧店的兴衰交替，比荞麦面有过之无不及。"他列举了众多蒲烧店的名字，把其中尤其美味的店圈了出来。在幕末，蒲烧店超过1000家这个说法是有些夸张了，但至少可以说明，当时蒲烧店数量众多，因此竞争十分激烈。

（三）外卖催生出的鳗鱼饭

最终，蒲烧店把原本当作配饭的米饭，跟蒲烧盛在一起上菜提供给客人。鳗鱼饭终于诞生了。

关于鳗鱼饭的初始，宫川政运的《俗事百工起源》（1865）中有"鳗鱼饭始于文化年间，堺町剧场金主大久保今助"的记载。

这个大久保今助白手起家，最终成为堺町的剧场的金主（赞助商）。据记载：

今助非常喜欢吃鳗鱼，但每顿饭花费的钱不会超过一百文。他总是在剧场叫外卖，为了不让鳗鱼冷掉，他想了一个办法，就是把烤鳗鱼放在盛着米饭的茶碗里，盖上盖子，趁热吃。据说这样吃十分美味，人们开始争相效仿。现在，无论哪家烤鳗鱼店的招牌上都写着鳗鱼饭。而因为前面讲过的原因，当时的鳗鱼饭都不超过一百文。而现在一般都是两百文到三百文，与当时大不相同。

大久保今助把烤鳗鱼放到茶碗盛的米饭上，趁着蒲烧没有冷掉拿回外卖，以此为契机，在文化年间（1804—1818）鳗鱼饭诞生了。

文化年间的江户，中村座（堺町）、市村座（葺屋町）、森田座（木挽町）这三座剧场获得了幕府的许可，可以进行戏剧表演，被称为"江户三座"。大久保今助作为金主（赞助商）的堺町的剧场，就是中村座。江户三座的公演权是世袭的，因此就算剧场入不敷出，能接手公演权的家族也早已经定下。作为外人的大久保今助是中村座赞助商这一件事值得怀疑，但这个故事作为鳗鱼饭诞生的逸话，还是广为人知。

还有跟大久保今助做了同样事情的人。尾张藩士石井八郎在记录了江户工作经历的《损者三友》（1798）中写到，喜欢看相扑的荻江节（江户长歌的一派）表演者荻江东十郎说：

> 去看相扑比赛的时候，我总是在食盒里盛好饭，加入烤鳗鱼，再加饭，再加烤鳗鱼，盖上盖子作为便当，并在大瓶子里装好茶水，一起带着去。

虽然一个用茶碗，一个用食盒，容器不同，但想法都是一样的。这个故事发生的时间还在大久保今助的故事之前。

另外，鳗鱼饭的做法在比大久保今助的故事更早出版的料理书籍里就有记录了。《名饭部类》（1802）中有如下记载：

> 鳗鱼饭，就是把鳗鱼按照通常的做法做成蒲烧，再放在家里煮的热米饭上，相互叠加几层，放入容器，盖上盖子，之后食用。

虽然我们不能说第一个钻研鳗鱼饭做法的就是大久保今助，但有可能正是以他的想法为契机，开始有了鳗鱼饭。不久后，有些店就开始卖鳗鱼饭了。

(四) 卖鳗鱼饭的店铺出现

　　文政年间（1818—1830）出现了卖鳗鱼饭的店铺。1825 年的《风俗粹好传》中记载了一个故事："一对新婚的夫妇，在大矶的圣天町，面向路过花街的客人，开了一家卖鳗鱼饭的店。这正好是七年前的事情。"江户的文学和歌舞伎，因为要避讳江户的地名，经常会使用镰仓或大矶的地名。这个故事中的大矶有花街，应该是指吉原。新婚的夫妇在吉原附近的浅草圣天町开了一家卖鳗鱼饭的店。虽然这只是一个故事，但可以看出，这一时期已经有卖鳗鱼饭的店了。1829 年时有诗云：

　　　　鰻めし菩薩の中に虚空藏

　　　　鳗鱼饭，菩萨中夹虚空藏

　　　　　　　　　　　　　　　　　　柳一一〇

　　菩萨是米（米饭），而虚空藏指的是鳗鱼（鳗鱼被认为是虚空藏菩萨的使者）。文政年间开始卖在米饭中夹蒲烧的鳗鱼饭，而之后的天保年间（1830—1844），所有蒲烧店都把鳗鱼饭加进餐单。《世之姿》（1834）中记载："鳗鱼蒲烧，（略）近来哪家店都配上饭，或者把烤鳗鱼放在盛着米饭的茶碗里来卖。"

　　1836 年有诗云：

呼べどこず口に土用の鰻ギ飯

土用的鳗鱼盖饭，囊中羞涩吃不起

柳一四三

　　跟蒲烧一样，鳗鱼饭也在土用这一天涨价了。根据青葱堂冬
圃的《真佐喜之桂》（江户末期）中的记载：

　　现在市里有很多卖鳗鱼饭的。一个在四谷传马町三河屋某
店工作的男子，空闲的时候，开始在茸屋町的里屋卖鳗鱼饭，在
我小时候，他的店逐渐兴盛了起来。大家觉得鳗鱼饭这种吃法很
少见，所以人人都去看。其做法就是把米饭盛在茶碗里，再把蒲
烧鳗鱼放在米饭上。而且因为只卖六十四孔（文），所以这家店
的鳗鱼饭变得非常流行。现在卖鳗鱼饭的店很多了，价格也越来
越贵。

　　茸屋町的蒲烧店鳗鱼饭卖六十四文钱而大获成功，后来便有
很多店都卖鳗鱼。《真佐喜之桂》作者的生卒年不详，"我小时
候"指的是什么时候不太明确。但在记录了从幕末到明治初期江
户风情世貌的《江户的夕荣》中有"鳗鱼饭的元祖是茸屋町的大
野屋（大铁）"的记录。歌川芳艳画的《新版御府内流行名物案
内双六》（嘉永年间）中记载的"茸屋町鳗鱼饭"的地址，看起
来应该就是这家店的（图66）。

图 66　卖"葺屋町鳗鱼饭"的店。(《新版御府内流行名物案内双六》)

　　这家店的经营一直持续到明治时代。《东京买物独案内》
（1890）中有"元祖鳗鱼饭　日本桥区葺屋町大野屋铁五郎"的广
告，该店号称是鳗鱼饭的元祖（图 67）。

　　然而，这家店开始卖鳗鱼饭（鳗鱼丼）的时间，按《东京名
物志》（1901）的记载，是"大野屋，天保七年（1836），这家店
的店主开始卖鳗鱼饭，颇合世人口味，店铺和鳗鱼饭都声名远
扬"。而《月刊食道乐》第七号（1905 年 11 月号）中也有"鳗鱼
饭始于天保七年（1836），江户葺屋町（日本桥区）的大野屋首
创"的记录。两个记录都显示这家店是天保七年（1836）开始卖

图 67　自称是元祖鳗
鱼饭的店铺。(《东京
买物独案内》)

鳗鱼饭的。如果确实是这样的话，天保七年时已经有其他店在卖
鳗鱼饭了，那大野屋并不能算首创了鳗鱼饭，但这家店无疑是以
鳗鱼饭的元祖而获得了名声。

　　先不管元祖论，鳗鱼饭无疑受到江户人民的喜爱并得到了普
及。《守贞谩稿》卷五《生业》中，有关于鳗鱼饭的详细说明：

　　　鳗鱼饭，京阪地区叫作"塗"（まぶし），江户叫"丼物"（ど
　　んぶり）。都是鳗鱼饭的简称。(略)江户的鳗鱼饭有卖一百文的、
　　一百四十八文的、二百文的。如图所示，是盛在这样的茶碗里的。
　　茶碗底部先放入一些热的米饭，然后放五六条去头的长三四寸的烤
　　鳗鱼，再放入米饭，最后在上面放六七片烤鳗鱼。(图68)

图68　鳗鱼饭。(《守贞谩稿》)

　　鳗鱼饭叫作"丼物"，鳗鱼的丼物也是要放蒲烧，用的是小鳗鱼。《守贞谩稿》把"鳗鱼饭"省略为"丼物"，是因为一说起"丼物"，通常都是指鳗鱼饭。在茶碗里盛米饭，再在米饭上盛其他菜的"丼"这种形式的料理中，鳗鱼丼是最有名的，也是这种形式的料理的先驱。现在说起"丼物"，指的是鳗鱼丼，而"鲎"被叫作"間蒸"（まむし）。

　　1862年刊行的人情本《春色恋廼染分解》四篇中记载了这样一个故事：在花街柳巷里，一位客人对游女说："我是请你吃鳗鱼饭呢，还是就来个蒲烧呢？"游女回答："盖饭吧！酱汁蘸到米饭上，也很好吃。"确实就像游女说的，鳗鱼丼结合了蒲烧、酱汁和米饭，更加美味。

　　1868年版的《岁盛记》"蒲烧屋弥吉"中记载了蒲烧名店的

店名。店名下方还有"丑之日　土用　大片　中片　小片　丼
物　重箱　酒　酱菜"的字样。"大片""中片""小片"指的是
蒲烧的大小，"丼物""重箱"指的是鳗鱼丼、鳗鱼重（图 69）。
这个时期，鳗鱼重盖饭也加入了蒲烧店的菜单。

图 69　店铺"蒲烧屋弥吉"。(《岁盛记》)

（五）蒲烧和鳗鱼饭的价格

就像《羽泽随笔》中记载的，"虽然蒲烧的价格不便宜，但十
个人中有八九个人都喜欢吃。很多食客甚至可以为此花费重金"，
因此蒲烧对一般的江户市民来说并不便宜。

式亭三马的《戏场粹言幕之外》（1806）中有这样一个故事：

从乡下来的五个人，一起进了一家鳗鱼店。这五个人点了大串的蒲烧，但他们花的钱实在太少了，店主也很震惊，不禁问道："客官们点的是不是也太少了点儿？"五人回答道："不，我们既不要酒，也不要米饭。就点这些来就着喝点茶。"主人于是说："明白了。"给他们用大盘子盛了六串蒲烧。五个客人很快把这些蒲烧全吃光了，催店主快把蒲烧上完。结果店主回答："这就是几位客官点的了。"他们很失望。

这家店蒲烧的价格大约为大串每串四十一文。这五个人进的这家店是茶屋风的店，客人们坐在简易的椅子上吃蒲烧。从乡下来的这五个人觉得价格很高，但事实上，这种店的价格相对来说已经很低廉了，名店的价格还要更高。这个故事的大约三十年之后，名店深川屋的价格为：

一切りが弐朱でも流行深川屋

一切卖二朱，也能受欢迎，这便是深川屋

柳一三八　　1835

如川柳所说，一串竟然要两朱（按照当时的汇率，约为八百文）钱。

一般来说，客人去蒲烧店都是上二层，在座席上吃。价格一般为每盘两百文左右。这个价格也在天保改革中按照命令降低过。在天保改革中负责调低物价的诸色挂名主们，在向奉行所提交的工作成果总结《物价书上》（1842 年八月）中提到："根据鳗鱼的大小切好装为一盘"，原本"二百文钱"的，降价到"一百七十二文"。原本"一百七十文"的降价到"一百六十四文"。而原本"一百六十文"的降价到"一百五十六文"。《守贞谩稿》卷六《生业》中也有记载：

> 江户的蒲烧都是盛在陶盘里。大的一串，中等大小的两三串，较小的四五串为一盘。每盘的价格为两百（文）钱。天保改革之后，有些店卖一百七十二文钱。
>
> 江户的鳗鱼做法是去掉骨头，然后根据鳗鱼的大小切成两三寸长，穿上两根竹签烤好，不拿掉竹签，直接放到盘子里上菜。

《物价书上》中的"根据鳗鱼的大小切好装为一盘"，指的是根据鳗鱼的大小，把鳗鱼切成两三寸长，一盘里盛大串一串，或中等大小的两三串，或比较小的五六串。野生的鳗鱼大小各不相同，所以上菜的时候要注意大小的搭配。价格方面，原本每盘在二百文左右，而天保府命（天保改革）之后，"有些店卖一百七十二文钱"，看来《物价书上》中写的每盘二百文的被降价到了一百七十二文是实情。还有些店降价到一百六十四文、一百五十六文，这就跟这些店的格调有关了。

《神代余波》（1847）中描绘了大串、中串、小串的大小（图

44）。而关于鳗鱼的大小与签子的关系，植原路郎的《鳗·牛物
语》（1960）中有如下记载：

> 以一般的分类方法来说，三十匁（约113克）以下的为小
> 串，三十匁到两倍多点的七十匁（约263克）的为中串，七十匁
> 到一百匁（约375）的为大串。

顺便一提，现在日本的养殖鳗鱼，一般为两百克左右。

关于鳗鱼饭的价格，《真佐喜之桂》中记载，茸屋町的店刚开
始卖鳗鱼饭时，价格仅为六十四文，之后就一直涨价，到了弘化
年间（1844—1848），一般为一百文。有诗云（图70）：

> 百出すと　ぼさつの中に　虚空藏
> 只需一百文，菩萨中夹虚空藏
>
> 　　　　　　　《种瓢》十二集　弘化年间

一百文的价格持续了一段时间，"到了文久年间，诸物价
高腾，鳗鱼也相应涨价，卖一百钱（文）、一百四十八钱（文）
的鳗鱼丼变得极其稀少，一般的店铺约两百文"（《守贞谩稿》
卷五《生业》）。文久年间（1861—1864）的价格涨到了两白文
左右。

图 70 　店铺"鳗鱼饭 蒲烧"。(《种瓢》十二集）

　　根据《守贞谩稿》的记载，庆应年间（1865—1868）荞麦面的价格从二十文涨到了二十四文（钱）。而在庆应之前的文久年间，虽然没有荞麦面价格的记载，但鳗鱼丼的价格大约为荞麦面价格的十倍。宫川曼鱼也说过：

　　根据我的记忆，不管哪个时代，鳗鱼饭的价格大概都是荞麦面的十倍。荞麦面的价格为一钱五厘的时候，鳗鱼饭大概为十五钱。荞麦面变成三钱的时候，鳗鱼饭变成了三十钱。战前，荞麦面卖十钱的时候，也有卖五十钱的鳗鱼饭，但现在，鳗鱼饭最便宜也要一百日元到三百日元，又有大约五倍的差距。(《深川的鳗鱼》)

　　而其中，现在"大约五倍的差距"有误，应为十倍的差距。

《深川的鳗鱼》出版于 1953 年，当时的荞麦汤面和荞麦冷面都是二十日元左右。从幕末到 1953 年，荞麦面价格的十倍，大约就是鳗鱼丼的价格。

(六) 路边摊蒲烧和笊鳗鱼

蒲烧是颇为昂贵的食物。一般市民能随意吃得起的，是路边摊卖的蒲烧。"路边卖的烤鳗鱼，从十二文到十六文"（《旧观帐》，1809）。然而，这些路边摊卖的鳗鱼则是：

辻焼のうなぎはみんな江戸後

路边摊鳗鱼，均为江户后

柳一〇五　1828

如果仅仅不是江户前鳗鱼，那倒还好了。

おはなしにならぬうなぎを辻でさき

路边摊鳗鱼，品相不像话

《新撰绘本柳樽》初编　刊行年不详

有些路边摊卖的鳗鱼甚至已经奄奄一息了，很不新鲜（图 71）。

图 71　路边摊烤蒲烧。(《新撰绘本柳樽》初编)

这之后路边摊烤鳗鱼就渐渐消失了。《守贞谩稿》卷六《生业》中有如下记载：

> 卖鳗鱼蒲烧的小贩，在京阪地区，是把鳗鱼跟各种厨具一起放在挑子里，挑着担子走街串巷，现烤现卖。而在江户地区卖鳗鱼的人，把在家烤好的鳗鱼放进名为"冈持"的桶里，带着桶出去卖。此外，京阪地区街边卖的鳗鱼是不去骨的，一串六文钱。江户卖的鳗鱼是去骨的，一串十六文钱。

根据以上记录，街边卖的烤鳗鱼的价格还是十六文，但卖鳗鱼的人是把烤好的鳗鱼放在叫作"冈持"的桶里拿出去卖。

另外，猿水洞芦朝的《盲文画话》（1827）中还有如下记载：

> 卖笊鳗鱼的人，把鳗鱼放进丸笊里面，再把几个笊篱摞起来，并准备好菜板、菜刀、锥子、签子，挑着担子在街上卖鳗鱼。有人买的话，就当场挑选鳗鱼，用锥子把鳗鱼的眼睛的部位钉在菜板上，用菜刀划开，再穿上签子，然后把鳗鱼烤好。很多孩子都是买这种烤蒲烧。但不知道什么时候起，这种蒲烧越来越少，现在已经没有这么卖的了。

小贩把鳗鱼放进笊篱里，挑着挑子走街串巷地卖，并在买家面前当场划开鳗鱼来烤。这种"笊鳗鱼"也不知何时消失了（图72）。

图 72 "笊鳗鱼"。(《盲文画话》)

（七）内脏汤

现在的蒲烧店，一般点鳗鱼丼的话都会附赠内脏汤，就算不附赠，菜单里也都有内脏汤，可以单独点。然而，江户时期的蒲烧店似乎不提供内脏汤，也没有相关的记录。

大阪的蒲烧店较早开始提供内脏汤。1905 年 9 月号的《月刊食道乐》中，有一篇题为《致东京人》的文章。作者是"在浪华[1]紫娇[2]"，而文章的目的是"介绍两三样在浪华很流行，但在东京很少见的事物"，谈及了大阪和东京饮食文化的差异。其中有如下内容：

> （大阪的）鳗鱼店中，菱富、藤吾比较有名，但远远比不上东京的竹叶、大黑屋，不用说，也比不上神田川。但大阪当地有名的鳗鱼店会提供鳗鱼的肝等部位制成的内脏汤[3]。这种汤味道比较苦，我不太喜欢。十分特殊的是，一般提供内脏汤的店家会在座席旁贴上"偶尔会出现钓针留在内脏里的情况，食用时请务必注意"的告示。看来去鳗鱼店吃饭之前，还要先有交杯饮酒、

---

[1] 大阪古名。

[2] 一种花的名称。

[3] 虽然内脏汤的日语名为"肝吸い"，但主要使用的不是肝，而是以胃为中心部位，并有部分肾脏、肠等。

以死报国般的决心。实在是有些令人发笑。

据说鳗鱼的养殖是1879年在深川由服部仓次郎开始进行试验的。但在明治时代，捕捉野生鳗鱼依然是主流。上述记载中说吃鳗鱼的内脏汤时要抱着以死报国般的决心，是夸张的表现，但至少说明，在当时的大阪，内脏汤也不是流行的食品，食用的时候必须多加注意。据说即使到现在，也偶尔会有捕捉到的野生鳗鱼的肝里留有钓针的情况。

《守贞谩稿》中谈到了江户和京阪地区蒲烧店的不同：

> 江户卖鳗鱼的店一般就只卖跟鳗鱼相关的食品，不卖其他鱼类的食品。（卷五《生业》）
>
> 京阪则几乎没有只卖鳗鱼的店。不过，在大阪淡路町丼池，有一个叫鸟久的人，只卖鳗鱼。（略）但京阪地区也只有他一家是这样。其他店都同时卖多种鱼类的食品。（卷六《生业》）

江户的蒲烧店一般不会提供蒲烧以外的下酒菜。在蒲烧烤好端上来之前，喝酒的人只就着一点酱菜来下酒。1873年生于东京深川的山本笑月说过"除了蒲烧之外，没有鲇鱼，没有甲鱼，什么都没有。鳗鱼烤好之前，客人就靠着酱菜下酒，耐心地等着。所以鳗鱼店的酱菜一般都会做得特别好吃，酒当然也是好酒"

（《明治世相百话·江户前有名的蒲烧》，1936）。即使到现在，东京蒲烧店的菜单里也鲜少有其他下酒菜，很多客人都在鳗鱼烤好之前就着酱菜先喝喝酒。《东京名物志》里称赞了大黑屋的酱菜，酱菜是否好吃对喝酒的人而言十分重要。

与此相对，大阪的蒲烧店在蒲烧之外还提供很多其他的下酒菜，所以才出现了提供内脏汤这个想法吧。

1906 年 12 月号的《月刊食道乐》记载了船屋料理"隅田川"在位于隅田川两国桥附近的矢之仓河岸的开业。店主的哥哥在大阪淀屋桥经营船屋料理，因此他向哥哥学习船屋料理的经营方法开了这家店，并从大阪雇来了厨师，将大阪式的料理调整得适合东京人的口味。其中就有一项得意之作是"鳗鱼的内脏汤"：

> 分成用红味噌煮的味噌高汤和清汤。挑选比较大的鳗鱼的肝，去腥除垢，再煮成汤。在大阪非常流行。

生于 1894 年的植原路郎则说：

> 在明治四十三、四十四年，一直以来都很有名的店就不送酱菜了，得另外单点。而如果在蒲烧店点了内脏汤，用蒲烧来下饭的话，一个人的花费从两日元左右涨到了两日元五十钱左右。（《鳗·牛物语》）

到了明治末期，东京高级的蒲烧店也开始提供内脏汤了。鳗鱼的养殖变得十分盛行，蒲烧店终于可以安心地提供内脏汤了。而这一时期，人们还是会在吃到蒲烧之前，先就着酱菜下酒。

第
三
章

俘获人心的天妇罗

一

始于小吃摊的天妇罗

（一）天妇罗小吃摊的出现

天妇罗的销售始于小吃摊（屋台）。炸天妇罗的时候有油烟，还有火灾的危险，因此小吃摊是卖天妇罗的合适场所。天妇罗的小吃摊出现在荞麦面店数量增加、土用丑之日吃鳗鱼的习俗开始的安永年间（1772—1781）。

享保年间已经有夜里经营的荞麦面小吃摊了，当时主要是小贩们挑子担子走街串巷地去卖。与之相对，在固定场所营业的小吃摊也出现了。《守贞谩稿》卷五《生业》中记载："小吃摊，不需要用的时候可以移动到别的地方。"其中《屋体见世之图》描绘了当时的小吃摊，可以看见带柱子的台子上盖着简单的屋顶（图 73）。

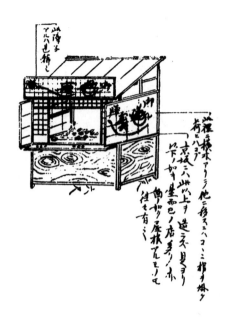

图 73　小吃摊。(《守贞谩稿》)

隅田川和箱崎川的汇合点被叫作"三俣"，是一个三角形的小岛。1771 年，这里被填河造地，成为"中洲"（中央区日本桥中洲）。后来，中洲成为新的繁华区域。在《半日闲话》的"安永五年六月"条里有"今年夏天，大桥三俣（新大桥附近的三俣）新填出来的那片陆地尤其繁盛。茶屋、把戏之多，热闹是两国的数倍"的记载。还有很多小吃摊。描绘中洲繁盛景象的《中洲雀》（1777）中有如下记载：

此间商贩林立，熙熙攘攘，以致道路狭窄。煮物、煮鱼[1]、

---

[1] 也写作"煮肴"，指用酱油、味噌、糖等调料煮的鱼肉。

棉花糖、玉子烧、炸芝麻（胡麻揚）、切片西瓜、桃子、香瓜、饼果子[1]、干果子[2]，各式小吃摊一个接一个，边走边买来吃的食客们如蚂蚁般聚集在此，有吃得太多以致拉肚子的人，甚至有食物中毒的人。食客们身上带上四文钱就行。虽然如此，平时买东西的时候一两文钱都要精打细算斤斤计较，但在这里吃东西的话，就算是四百文也很快就会花光。

来这些小吃摊吃东西的人非常多。在这些小吃摊点，四文钱（后述）就能吃到东西。其中还有"炸芝麻"的小吃摊。当时的天妇罗是被称作"炸芝麻"的。

胡麻揚の匂ひが下駄におつけされ

炸芝麻的香味，接踵摩肩声中寻

柳一四　1779

这句川柳描绘的是店家在熙熙攘攘的客流之中卖炸天妇罗的景象。

小吃摊刚开始卖天妇罗的时候，是把天妇罗作为"炸芝麻"来卖的。但在之后的天明年间（1781—1789），出现了打出"天

---

[1] 和果子的一种，用糯米做的点心。

[2] 按照保存方法来分，和果子可以分为生果子、干果子和半生果子。含有30%及以上水分的是生果子，水分含量10%以下的，如煎饼等，是干果子。

妇罗"招牌的小吃摊。

《梦想大黑银》（1781）中描绘的小吃摊摆放着穿好的天妇罗，大碗里堆着高高的萝卜泥（图74）。这家小吃摊虽然没有摆出天妇罗的招牌，但这是目前可见有关天妇罗小吃摊的画里最古老的一幅。不知道这家店是以"炸芝麻"还是以天妇罗的名义卖的，在两年后刊行的《能时花舛》（1783）中出现了打出"天妇罗"招牌的小吃摊（图75）。

图74　天妇罗的小吃摊。小吃摊上摆放着穿好的天妇罗，并有盛着萝卜泥的大碗。(《梦想大黑银》)

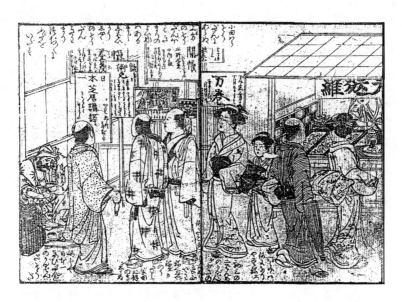

图75 打出了"天妇罗"招牌的小吃摊。打出"天妇罗"招牌的小吃摊的
较早的例子。(《能时花舛》)

在江户，天妇罗作为小吃摊食品逐渐得到了普及。天妇罗小
吃摊一般被称为"天妇罗屋台"或"天妇罗屋"。之后的文章中
笔者会沿用这些名称。

(二) 天妇罗的词源

关于"天妇罗"这个很不像日语词汇的词的由来，有很多种

词源假说。有些说法比较有名，例如说它来源于意为"烹饪"的葡萄牙语词"Tempero"，或是说来源于基督教星期五的祭典的西班牙语"Tempora"，在这一天，教徒们有不吃鸟兽类的肉，只吃鱼肉的习俗，该词逐渐演变为指这天吃的鱼肉料理，并进一步演变为天妇罗。不管是"Tempero"还是"Tempora"，都是明治以后才出现的，而与此相对，在江户时代，山东京山在《蜘蛛之丝卷》（1846）的"天妇罗的由来"一节中，提出给这种食物取名为"天妇罗"的，是他的哥哥山东京传。他的说法大致归纳如下：

在天明初期，有个带着相熟的艺妓从大阪逃到江户来的男人，名叫利助。利助就住在京传家附近。有一天，利助对京传说，大阪有炸鱼饼，而江户虽然有炸芝麻的路边摊，但还没有炸鱼饼，要是我们在江户这边的夜间小摊上卖炸鱼饼怎么样？京传觉得这是一个好主意，便让利助试着做一下炸鱼饼。结果利助炸的鱼饼非常好吃，于是京传就建议他早早开业。利助又向京传求助，说在写夜间小吃摊的灯笼的时候觉得"炸芝麻鱼饼"这个名字与商品不相称，发音也不好听，能不能帮忙取个好名字呢？于是京传就取了"天妇罗"这个名字。

利助又问"天妇罗"是什么意思。京传回答道，因为你是从天竺逃到江户来的浪人，在这里开始了买卖，所以就叫作"天妇罗"。"天"是天竺的天。"麸罗"是裹一层小麦粉的意思。利助也是个幽默的人，觉得"天妇罗"这个名字十分有趣，便愉快地接受了。于是京传就让我（京山）在灯笼上写了"天妇罗"的字样。这是六十年前的事情了。现在"天妇罗"的字样世间随处可见。但其实京传才是命名的人，而我第一个在灯笼上写下这个名字，利助把"天妇罗"卖开了这件事，却没什么人知道。

是利助是从大阪逃到江户来的"逐电浪人"，而把"逐电"的假名倒着念的话便是"天竺"（印度）。因为是天竺浪人跑到江户来开始的这门买卖，便取名叫作"天妇罗"。

然而，在京传给这种食品取名叫作"天妇罗"的很久以前，就已经有"てんぷら"[1]这个名字的记载了（后文详述）。因此，京传取名叫"天妇罗"这个说法有违历史事实，但给"てんぷら"这个发音填上"天妇罗"这三个汉字，确实是在天明初期。"天妇罗"的汉字，最初是在1781年上演的净琉璃《昔呗今物语》中出现的："本大人是此地人尽皆知的油炸食物老大，天妇罗！你得为伤害我出治疗费！"1781年四月改元为天明。如果说京传在天明初期将"てんぷら"填字为"天妇罗"，那么虽然从时间上来说不矛盾，但留下众多作品的京传自己居然完全没有提过这件事实在不可思议。因此我们很难确信将"てんぷら"填字为"天妇罗"的是京传。但后述中会涉及，"天妇罗的由来"中确实有几项值得注意的内容。

---

[1] 日语中"天妇罗"假名写作"てんぷら"，发音为"tenpura"。

（三）天妇罗之名的出现

德川家康吃了鲷鱼天妇罗之后因食物中毒而亡这个故事广为人知。如果事实确实如此的话，那说明德川家康逝世的1616年就已经有天妇罗了。

德川家康确实在去世前吃过类似鲷鱼天妇罗的东西。元禄年以前完成的《元和年录》中，"元和二年（1616）一月二十三日"处记录德川家康在食用了"鲷鱼放到芝麻油里炸，再切一些蒜末放在上面"的食物之后，"过了大约两个时辰（四小时左右），开始腹痛"。

此外，木村高敦于1741年编纂的德川家康生涯传记《武德编年集成》中，也有元和二年一月二十一日，德川家康食用了"切好的新鲜鲷鱼放入油中炸，然后再炒，并放上韭菜碎末"的食物之后，在傍晚开始剧烈腹痛的记录。

而在1843年完成的德川幕府官选的《东照宫御实纪附录》也记录了元和二年一月二十一日德川家康在吃了"鲷鱼放到香榧油里炸，再放上韭菜碎末"的食物之后，夜里发生腹痛的事件。吃这种食物的日子（二十一日和二十三日）、用的油（香榧油和芝麻油）、加的配料（蒜末和韭菜）虽然各处的记录不同，但在吃了炸鲷鱼之后出现食物中毒症状这一点是一样的。

根据这些史料，德川家康吃的鲷鱼是直接炸的，外面没有裹面衣，因此不能算作天妇罗。另外，德川家康虽然曾经食物中毒，但又痊愈了。他去世是这个事件的大约三个月后的四月十七日。因此德川家康的死怪不到炸鲷鱼头上，更别说天妇罗了。

"てんぷら"这个名字初次登场，是京都医师奥村久正的《料理食道记》（1669）中的"てんぷら、鸡肉片、镰仓虾、胡桃、水仙馒头"一节。到了元禄时代（1688—1704），就已经有人吃过天妇罗了。尾张藩的武士朝日重章的日记里，有"下酒菜、天妇罗、岛虾"（1693年一月二十九日），以及（下酒菜有）"鸭、鳐鱼天妇罗"（1696年九月十六日）的记录（《鹦鹉笼中记》）。

（四）江户风的天妇罗与京阪风的天妇罗

《料理食道记》和《鹦鹉笼中记》中记载的"天妇罗"到底是什么样的料理，现在已经无法查证。18世纪中期的料理书籍里就有了天妇罗做法的记录。《黑白精味集》（1746）中有如下记载：

> 天妇罗：将鲷鱼切片，撒盐，再洗一遍。在乌冬面粉中放入鸡蛋液，和面。给鲷鱼片裹上面衣。放入油中炸。汤、酱汁、酱油也各按比例调制好。简单来说就是把鲷鱼裹上乌冬面粉，再放入油中炸。

文中记载的正是裹了面衣的天妇罗的做法和天妇罗酱汁的做

法。另外,《歌仙之组丝》(1748)中有如下记载:

天妇罗:将任意鱼类裹上面粉,放入油中炸。而用菊叶、牛
蒡、莲藕、山药等其他食材做天妇罗的时候,要先在和面时加上
水和酱油。基本上只要按照上述方法做就可以了。也可以用葛粉
来做面衣。

炸鱼的时候要用小麦粉做面衣,跟现在天妇罗的做法一样。
不过炸蔬菜的时候要给面衣加调料,这样面衣才有味道,跟长崎
天妇罗的做法相似。

就这样接近现代模样的天妇罗登场了。但在江户时代,还有
一种不同的京阪地区的天妇罗做法。《守贞漫稿》后集卷一介绍
了江户风天妇罗和京阪风天妇罗的不同:

京阪地区把放到芝麻油里炸的鱼糕(半平)叫作天妇罗。不
用油炸的就叫半平。江户没有这种天妇罗。江户地区是把其他的
鱼肉、虾等裹上小麦粉面衣,放入油中炸的食物叫作天妇罗。而
江户的这种天妇罗,京阪地区没有。京阪地区把这种食品叫作炸
鱼饼。

该书中还有"'鱼糕'由鱼的肉糜压制而成"的记录,京阪地
区是把炸的鱼肉末饼,也就是鱼糕称为天妇罗,而把江户风裹面

衣的油炸食品称为"炸鱼饼"。《蜘蛛之丝卷》中，利助也说"大阪有炸鱼饼，而江户虽然有炸芝麻的路边摊，但还没有炸鱼饼"。虽然不能就此断定江户的炸芝麻里没有使用鱼肉，但大阪把炸鱼肉称为"炸鱼糕"这一点，是跟《守贞漫稿》的记载一样的。

在"荞麦"一章我们也已考察过，《黑白精味集》的作者应该是江户人，而《歌仙之组丝》也是在江户出版的。就像这两本书中对江户风天妇罗做法的介绍那样，江户的天妇罗是裹面衣的。直到现在，关东地区的天妇罗和关西地区的天妇罗依然有不同之处。

在18世纪中期的料理书籍中就出现了"天妇罗"这个名字。而就像《蜘蛛之丝卷》中利助说的那样，江户的小吃摊把天妇罗称作"炸芝麻"。刚开始卖的时候，"天妇罗"的知名度还很低，叫炸芝麻大家更容易明白。后来，小吃摊也开始打出"天妇罗"的招牌了，也还是有些天妇罗被叫作"小吃摊的炸芝麻"的（《虚实情夜樱》，1800 ）。

二

人人都爱天妇罗小吃摊

（一）天妇罗小吃摊顾客群的扩大

　　小吃摊的天妇罗卖得很便宜，一串大概四文钱。山东京山说给天妇罗命名的是自己的哥哥山东京传，这一说法在铃木牧之的《北越雪谱》二篇（1842）中也有记载。其中还有利助的天妇罗"每个卖四文钱，每天夜里他都沿街叫卖"的故事。山东京传的作品《江户春一夜千两》（1786）中也有商家的学徒花四文钱在小吃摊买了天妇罗的内容："之前我花四文钱，买了一个海螺肉的天妇罗。那美味我至今难忘。"（图76）

　　明和五年（1768）时天妇罗作为花一枚新铸的四文钱硬币就能吃到的快餐，越来越受江户人民的欢迎，卖天妇罗的小吃摊也越来越多。式亭三马的《浮世床》（1813）中有一个故事，说一个理发店的店主训斥一个奉主人之命来询问生意是否繁忙的调皮学徒道："叫你出去跑腿办事，总是慢得很，去泡汤的时候又

图76 天妇罗小吃摊。商家的学徒手上拿着用竹皮包着的天妇罗。(《江户春一夜千两》)

总是跟人吵架被人告状。一出门,就只知道买天妇罗和大福饼来吃。简直太让人头疼了。"看来文化年间,天妇罗的小吃摊已经开得到处都有了。

像"小吃摊的天妇罗炸芝麻的香味,诱惑着仆人、学徒们"(《一向不通替善运》,1788)及"饿着肚子的学徒,凑到小吃摊上,闻刚出锅的炸芝麻的香味"(《虚实情夜樱》)说的,小吃摊天妇罗的主要顾客群是折助(武家的仆人)、商人家的学徒等低收入群体。

逐渐地,天妇罗的顾客群开始扩大。在北尾政美绘制的天

妇罗小吃摊上，有商家的学徒、带着两把刀的武士和女性客人
（《近世职人尽绘词》）。画里的武士介意别人看他吃这种"不上台
面"的小吃摊食品，因此挡着脸取天妇罗串，但这说明武士也来
天妇罗小吃摊吃东西了。而商家的学徒看来是常客，正在把天妇
罗放到盛着天妇罗酱汁的碗里。蘸着酱汁吃天妇罗这种方法，在
《黑白精味集》中有记载，在小吃摊也很早就出现了（图77）。

式亭三马在《四十八癖》三篇（1817）中也描绘了天妇罗小
吃摊。各种各样的人聚集在天妇罗小吃摊前，甚至有背着孩子来
买天妇罗的人（图78）。

《近世职人尽绘词》中描绘的小吃摊上方写着"既有炸红薯，
又有裹了面衣炸的章鱼"。"黄金芋"指的是山药，"乌冬之子"

图77 天妇罗小吃摊。上
方写着"既有炸红薯，又有
裹了面衣炸的章鱼"等字
样。(《近世职人尽绘词》)

图 78　天妇罗小吃摊。前
来买天妇罗的人众多，场
面十分热闹。(《四十八
癖》三篇)

指的是乌冬面面粉。这家天妇罗店卖的是炸山药和章鱼的天妇罗。

小吃摊的天妇罗后来更是改进为天妇罗串，便于食客们站着吃。

　　　　天麩らの店に籤を建てて置き

　　　天妇罗店竹签立如占卜

　　　　　　　　　　柳一二八　　1833

　　就像占卜师在竹筒里放占卜用的竹签一样，天妇罗小吃摊的
竹筒里，放满了吃完了的竹签(《金储花盛场》，1830，图79)。

图 79　竹筒里放着竹签的天妇罗小吃摊。(《金储花盛场》)

(二) 附赠白萝卜泥

天妇罗小吃摊上还放着白萝卜泥。

天婦羅屋見世（店）で
揚げたり卸したり
天妇罗店 又炸又削
柳一五一　1838

小吃摊里的人不但炸天妇罗，还在旁边削白萝卜。对于当时不太吃肉类和油腻食品、饮食普遍清淡的人来说，天妇罗跟平时的食物相比太油腻。为了让人们能够接受这种食物，天妇罗小吃摊下了很多功夫，其中就包括赠送白萝卜泥。在天妇罗的普及中，白萝卜泥也起了很大作用。

人情本《闲情末摘花》初编（1839）中，描绘着这样的场景：

结束了一天工作的门付（在

别人家门口表演卖艺为生）母女俩，在回家途中去天妇罗小吃摊买了天妇罗当晚餐的配菜，用竹皮包着带回家。到家里以后，女儿用浴池火盆烧火煮茶。然后发生了如下对话：

> 阿里（女儿的名字）："等茶好了，妈妈你就先吃饭吧。哎呀，刚才那家天妇罗店在干什么呢，忘了给我们白萝卜泥。我去前面的菜店一趟。"
>
> 母亲："不用，别麻烦。"
>
> 母亲还说菜店老板已经睡了。结果阿里还是跑出去，把菜店老板叫起来，买了一根白萝卜。邻居家的老奶奶借了她削山葵的磨刀，阿里用来把白萝卜磨成了泥。
>
> 阿里："行了，吃吧，妈妈。加上白萝卜泥可好吃了。"

图上画的正是阿里让母亲品尝天妇罗配白萝卜泥（图80）。

天妇罗小吃摊会附送白萝卜泥给外带的客人，在这个故事里，店家忘了装白萝卜泥，女儿阿里还专门叫醒已经睡下了的菜店老板，借来磨刀，磨好萝卜泥，并跟母亲说"加上白萝卜泥可好吃了"。江户时代的人情本的插画里常常画着厨房，即使像长屋这种狭窄的住处的厨房里也必定有磨刀（图81）。明明一般家庭都有的磨刀，这个故事里贫穷的母女俩却没有，女儿去借来磨刀，磨好了白萝卜泥。通过天妇罗，我们可以感受到女儿对母亲的爱。这个故事也说明，要让天妇罗更美味，白萝卜泥是必不可

图 80　外带回长屋的天妇罗。女儿正在用浴池火盆烧水沏茶，母亲面前放着用竹皮包着的天妇罗。(《闲情末摘花》初编)

少的。天妇罗加白萝卜泥这个创意的影响，在现在的和风汉堡肉饼中也可以看到。

　　江户市民在小吃摊吃天妇罗的时候，一般会拿天妇罗串蘸一蘸酱汁，然后加上一点白萝卜泥一起吃。

　　就像上述故事所讲，这个习惯在天妇罗外卖中也是一样。当时的江户市民会在附近的天妇罗小吃摊买刚炸好的天妇罗带回家，用来下饭下酒。

图 81　长屋的厨房。炉灶的旁边画着菜刀和擦菜板。(《花筐》, 1841)

(三) 天妇罗小吃摊的革新者

天妇罗小吃摊的生意日益兴隆, 在这一时期, 高级天妇罗小吃摊出现了。考证随笔作家喜多村信节 (筠庭) 的《嬉游笑览》(1830) 中有如下记载:

　　文化初期, 深川六轩堀开了一家"松寿司", 改变了当时寿司的潮流。在这附近，日本桥南边，有一家小吃摊叫作"吉兵卫"，用高级的鱼来做天妇罗的原料，炸出来的天妇罗大受欢迎，有食客甚至会跑到店主在木原店的家里去吃。这家小吃摊也改变了天妇罗的潮流，天妇罗渐渐变得豪华起来。

在日本桥的南边有一家小吃摊"吉兵卫"，卖的天妇罗用了高级的鱼做原料。以此为契机，小吃摊的天妇罗也发生了变化。吉兵卫开始卖高级天妇罗是在日本年号改为文化之前一段时间，也就是在享和年间（1801—1804）。此时宽政改革结束，进入到19世纪，食物也变得越来越豪华，出现了卖高级天妇罗和寿司的店铺。关于寿司，我们会在后面的章节谈到。而在天妇罗的世界，起到了革新者作用的是吉兵卫的天妇罗。关于话题度颇高的吉兵卫天妇罗，式亭三马借一位住在长屋里的妻子之口介绍道：

　　说起真正的炸芝麻，日本桥吉兵卫卖的天妇罗绝对是日本第一。哎，你不知道吧。那家店算是所有小吃摊中最好的。之前有天晚上，我、胜部、阿波专（均为人名）和我丈夫，四个人一起去那家店吃。卖"初鲣"[1]的只有那一家店。他们家的菜全都很好吃。不管什么时候去，店里都挤满了人。而且那家店旁边还开

---

[1] 鲣鱼属于日本近海全年皆有渔获的鱼种，但盛产期一年两次。"初鲣"是指春季至初夏从太平洋岸北上的鲣鱼。秋季洄游鱼群折返时捕捞到的则称为"回鲣"（戻り鰹）。

了荞麦面店。我们发现了一件妙事。把炸好的鸡蛋放进温热的荞麦面里，好吃极了。放芹鸭的或放白鱼肉的也很好，我们喜欢放鸡蛋。(《四十八癖》三篇）

吉兵卫是"小吃摊中最好的"，这家店提供初鲣、鸡蛋、芹鸭（芹菜和鸭肉）、白鱼等高级食材炸的天妇罗，吸引来了无数客人。鸡蛋的天妇罗在现在算不上高级，但当时鸡蛋的价格约为每个二十文，是高级食材，一个鸡蛋大概就值一碗二八荞麦面的价钱。当时的鸡蛋应该是整个炸的。

(四) 天妇罗遇上荞麦面

吉兵卫天妇罗店的旁边开了一家荞麦面店。客人们会去荞麦面店买来荞麦面，然后放上天妇罗，自制成天妇罗荞麦面。《柳樽二篇》(1843）中描绘了这一景象。有道是"夜鹰荞麦面，天妇罗好伙伴"（图82），夜鹰荞麦面也为天妇罗的火热销售贡献了力量。看着这幅画，我们可以发现在日本桥南边的广场，天妇罗小吃摊旁边就是荞麦面店，这里就像是江户的美食广场。

也许我们可以说，这些江户市民的创意被荞麦面店吸收，荞麦面店的菜单上出现了"天妇罗荞麦面"。这也许就是天妇罗荞麦面诞生的契机。

图 82　天妇罗和荞麦面的小吃摊。天妇罗小吃摊上书"天妇罗，四五口，忙称赞"，下书"夜鹰荞麦面，天妇罗好伙伴"。(《柳樽二篇》插画)

　　而天妇罗荞麦面这个名字，在 1827 年发表的川柳中第一次出现：

　　沢藏主天婦羅そばが御意に入

　　　泽藏王也喜爱，天妇罗荞麦面

柳一〇四

小石川传通院内的泽藏王稻荷神社（现已迁至东侧，位于文京区小石川三丁目）里供奉的泽藏王，相传作为稻荷大明神的化身在传通院修行时，经常去神社门前的荞麦面店吃面。

看来那时候荞麦面店就在提供天妇罗荞麦面了。《江户见革》（1841）中记载了荞麦面店的菜单，写着"天妇罗荞麦面三十二文"。而《守贞谩稿》卷五《生业》中也有"天妇罗，三十二文""天妇罗，加三四个炸芝虾[1]"的记载。看来天妇罗荞麦面里放了芝虾，价格是普通荞麦面的两倍。

荞麦面店开始提供天妇罗荞麦面之后，因为荞麦面跟天妇罗的搭配很好吃，所以天妇罗荞麦面渐渐成为荞麦面店的主打菜。连夜间营业的荞麦面摊都开始卖天妇罗荞麦面了。《春告鸟》二篇（1837）中记载，风铃荞麦面的摊主叫卖道："卖花卷，卖天妇罗！荞麦面啰！荞麦面！"荞麦面店卖的天妇罗应该是在店里炸的，那风铃荞麦面摊卖的天妇罗又是怎么准备的呢？吉兵卫的天妇罗，是买了荞麦面的客人又去买天妇罗，自己把天妇罗加到面里。风铃荞麦面的面摊，会不会是从天妇罗小吃摊买来天妇罗，然后作为自家商品来叫卖的呢？无论如何，天妇罗和荞麦面的小吃摊从吉兵卫小吃摊以来，就一直是共存、共荣的关系。

---

[1] 周氏新对虾，对虾科，俗称羊毛虾、沙虾等。

（五）天妇罗小吃摊的名店

小吃摊的天妇罗大多是用芝麻油炸的。就像式亭三马《四十八癖》中登场的长屋的妻子说的"真用芝麻油的，还要数日本桥的吉兵卫"，当时还有假的芝麻油。《料理纲目调味抄》（1730）中有"油炸豆腐，油以芝麻油、核桃油、榧籽油为佳。现在有些店家把精制菜籽油当作芝麻油来卖，着实可恶"的记载。其中"精制"指的是在加热的菜籽油中加入新潟县等地产的白土，提取菜籽油的香味和色泽，制成白绞油（《天妇罗之书》）。与之相对的真正的芝麻油被称为"本芝麻"。

对于坚持使用真正的芝麻油与新鲜食材的吉兵卫，还有其他评价：

> 高札のそば天婦羅鼻へ懸け
> 高札的荞麦面店，炫耀天妇罗
>
> 柳七三　1821

这句川柳讽刺了吉兵卫颇为自满地炸着天妇罗的样子。吉兵卫的小吃摊还开到了日本桥南边的高札场[1]附近，也就是在这里，天妇罗荞麦面诞生了。这之后，

---

[1]　幕府和藩主用来公布法令和发布公告的设施。

吉兵衛は天婦羅で名もあげた店

吉兵卫的天妇罗亦闻名于世

柳別中　1833

　　吉兵卫有名，靠的不仅是荞麦面，更是靠炸得一手好天妇罗。

　　受吉兵卫的影响，知名的天妇罗小吃摊越来越多。1853年版《细撰记》"丸天屋妇罗"中记载了7家有名的小吃摊。店名下还写着"屋台本芝麻""名代"，强调这些小吃摊是用真正的芝麻油来炸天妇罗（图83）。书中还标记了每个小吃摊的位置，这说明知名的小吃摊每天晚上都在同样的地方营业。其中，《江户久居计》（1861）中描绘了在人形町摆摊的"广野屋"小吃摊（图84）。

　　幕末时期的江户，有众多包括知名小吃摊在内的天妇罗小吃

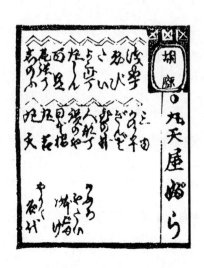

图83　"丸天屋妇罗"小吃摊。各个小吃摊被指定好了位置，店名下有"屋台本芝麻""名代"等字样。（《细撰记》）

图 84 "广野屋"小吃摊。小吃摊上有"⊛"符号，摊上摆放着盛酱汁的碗。(《江户久居计》)

摊在夜里营业。《守贞谩稿》卷五《生业》中有如下记载：

> 小吃摊多卖寿司、天妇罗。其他食物皆为店肆贩售。有些会卖简单的酒菜。也有卖点心、馅饼等的。而卖寿司、天妇罗的小吃摊在每条繁华街都有三四家。

就像广野屋的小吃摊那样，自嘉永年间，天妇罗的小吃摊开始流行挂有⊛的挂帘，而"天妇罗"的招牌则逐渐消失了。

(六) 江户前"天种"

关于"天种"(天ダネ)[1] 使用的鱼虾贝类,《守贞谩稿》后集卷一有如下记载:

> 江户的天妇罗,有星鳗、芝虾、斑鰶、瑶柱、墨鱼等。把上述食材裹上用乌冬面粉做成的面衣后油炸。

这些应该是小吃摊的天种。1865 年版的《岁盛记》"炸本芝麻"中,有 8 家天妇罗小吃摊的名字下面都写着"虾、瑶柱、云鳚、星鳗、窝斑鰶、墨鱼、虾虎鱼、鲔鱼"等鱼类的名字(图85)。

可见幕末时期的小吃摊,广泛使用了芝虾、星鳗、瑶柱、斑鰶、墨鱼、云鳚、虾虎鱼、鲔鱼等海产品。

芝虾是富有代表性的海虾类食材,比较大的芝虾在当时似乎是几个一起炸的(拿两三个比较大的虾,像排竹筏一样排在一起炸)。就像《守贞谩稿》卷五《生业》中说的那样,一般会在天妇罗荞麦面中加入三四只并排炸的芝虾。《本朝食鉴》(1697)中有如下记载:

> 还有一种叫作芝虾的,大小不过三四寸,壳白而薄,虾须

---

[1] 指做天妇罗使用的食材。

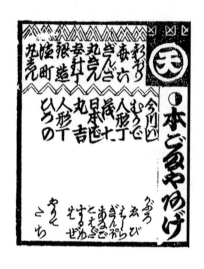

图 85 "炸本芝麻"店铺。
(《岁盛记》)

短,煮后呈淡红色。因为多产于武州的芝江,故被称为"芝虾"。很小的芝虾也十分美味。这种虾其实在尾州、参州的河边以及海西地区也都有产出。因产地不同,叫法也不一样。

因为这种虾多产于芝浦地区,所以被称为芝虾。

而星鳗中有名的,多是产自品川宿南边的鲛洲到滨川町(品川区东大井一丁目、二丁目到南大井一丁目)之间的"滨川"星鳗。1893 年出生的"银座天国"第二代继承人露木米太郎在"天种之话"中谈到星鳗时说道:"论产地的话,品川鲛洲产的是最好吃的。甚至有店家把用这里产的星鳗制成蒲烧作为卖点。"
(《天妇罗物语》)

滨川的星鳗也被制作成了蒲烧。《新版江户府内流行名物双六》（嘉永年间）中描绘了卖"滨川星鳗"蒲烧的店铺（图86）。《细撰记》（1853）中的"是屋若屋穴五郎"中有"滨川星鳗"一条，记载了10家卖星鳗蒲烧的店，自称为"元祖星鳗蒲烧店"（图87）。这一时期，星鳗蒲烧店也多了起来。

瑶柱则是指蛤蜊的贝柱，也被称为"小柱"。关于蛤蜊，《本朝食鉴》中有如下记载：

贝肉像赤贝，呈淡红色。贝肉口感较韧，一般不吃。而唯有

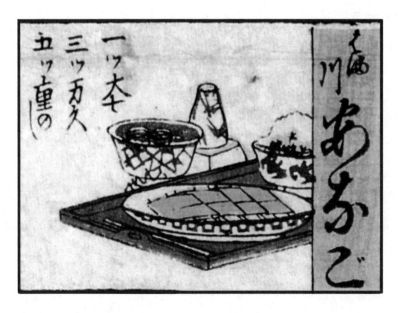

图86　卖"滨川星鳗"的蒲烧的店铺。（《新版江户府内流行名物双六》）

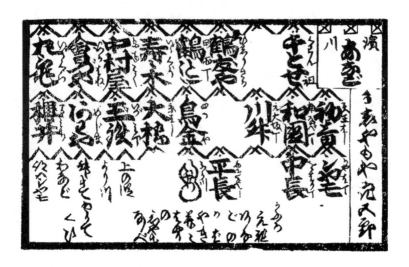

图 87 "是屋若屋穴五郎""滨川星鳗"店铺。其中有 19 家店铺的店名，并有"从第一排到川升为止都是卖星鳗的店铺，其余是卖军鸡锅的"的字样。店名下写有"与元祖星鳗蒲烧并列的是军鸡锅"等字样。(《细撰记》)

贝柱多被择下来贩卖。瑶柱味甜，颇受欢迎。（略）呈淡红色或白色。春夏时捕捉。现在在江户的鱼滨多有产出。

蛤蜊是江户湾的名产。《本朝食鉴》中虽然说人们一般不吃其贝肉，但事实上，蛤蜊的贝肉在江户被称为"青柳"，从享和年间开始，卖寿司的小贩常常会走街串巷地卖青柳寿司。

而关于斑鳐，笔者会在之后寿司的章节中进行详细介绍，敬请阅读。斑鳐现在一般被当作寿司的食材，在天妇罗中很少使用。但在江户时期，斑鳐也是天妇罗的食材。

鮹鱼和云鳚被称为"为了天妇罗而生的鱼",做成天妇罗十分美味,做成其他料理则味道平平。此外墨鱼和虾虎鱼也是产于江户前的食材。

江户前产的鱼虾贝类非常适合做成天妇罗。后面我们会讲到,江户时代只把鱼虾贝类炸成的食品叫作天妇罗。江户的天妇罗店把这些产自江户前的鱼虾贝类做成美味的天妇罗提供给食客们。

而比较小的小柱和芝虾,则不是穿在签子上炸,而是被做成

图88　带有Ⓣ招牌的天妇罗小吃摊。食客们用筷子吃天妇罗。(《大晦日曙草纸》十八篇)

团状的什锦天妇罗。什锦天妇罗不像炸串，不方便用手拿着吃。嘉永年间（1848—1854），天妇罗小吃摊也开始卖什锦天妇罗了，当时的画作中能看到客人们用筷子吃天妇罗的场景（《大晦日曙草纸》十八篇，1852，图88）。这之后，小吃摊的天妇罗也多用筷子吃了。露木米太郎说：

明治时期，流行在大碗里倒满天妇罗酱汁。两边放着十个左右的小碟子，食客们用竹筷夹起天妇罗，放到刚说的倒满酱汁的碗里蘸上酱汁，再放到小碟子里吃。白萝卜泥也通常比较大份。后来还会给大碗配上汤勺。(《天妇罗物语》)

到明治时代，天妇罗串就逐渐消失了，取而代之的是用筷子和小碟子食用的天妇罗。

三

高级天妇罗——金妇罗

（一）金妇罗的出现

吉兵卫的高级天妇罗广受好评。这之后出现了把"天妇罗"称作"金妇罗"来卖的店铺。《江户名物诗》（1836）中有"金妇罗日益流行，深川的金妇罗，美名海边传。宴会料理，最为高级"的诗句。"金妇罗"这个名字在天妇罗的基础上更多了一种高级感，也容易让人想到天妇罗，意思是相通的。这家店在天妇罗日渐流行的时候开始卖"金妇罗"，一下子便受到欢迎，从此"金妇罗"也在深川变得十分有名。

这之后，金妇罗的知名度越来越高，成为天妇罗的别名。《皇都午睡》三篇（1850）中记载"油炸食品叫天妇罗或金妇罗"。卖金妇罗的店铺也越来越多。1853年版《细撰记》中记载了25家金妇罗的店铺，还写着"一人份一百文起，也有五十六文等，各不相同，价格公道"（图89）。

图 89　金妇罗店铺。记载了 25 家店铺的店名。(《细撰记》)

　　《江户名物诗》中"金妇罗仕出"的店铺是宴席料理店，料理中有一道就是金妇罗。而在《细撰记》记载的店铺中，"鲜扬亭""泷之屋""三河屋"等店铺，在嘉永元年刊行的《江户名物酒饭手引草》"料理、茶泡饭"中也有记载（图 90）。《新版江户府内流行名物双六》中"诹访町　金妇罗"中描绘的，有浅草诹访町的"鲜扬亭"，盘中盛放着金黄色的天妇罗（图 91）。

　　《细撰记》中记载的店铺，不只有天妇罗的专门店，还有卖金妇罗的金妇罗茶泡饭店。

　　《童谣妙妙车》二十三篇（1869）中描绘了摆出"珍妇罗、茶泡饭、下酒菜，任君挑选"招牌的店铺（图 92）。店前站着两个

图 90 "鲜扬亭""泷之屋""三河屋"也在"料理、茶泡饭"中留下了记录。(《江户名物酒饭手引草》)

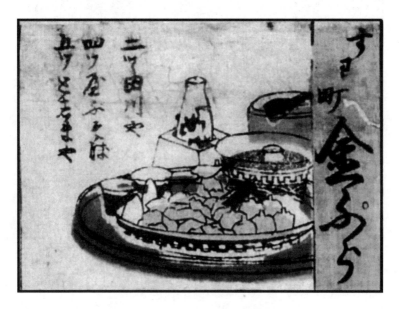

图 91 "诹访町 金妇罗",盘子中盛着金色的天妇罗。(《新版江户府内流行名物双六》)

人，一个人说："我们去前面这家挂着招牌的天妇罗店里坐着慢慢吃吧。今天我请客。"他邀请同伴进到店里，坐到座席上，点了下酒菜，两人一起喝酒。两人把这家店称为"天妇罗店"，招牌上的"珍妇罗"是"天妇罗"的谐音，这家店不但卖金妇罗和茶泡饭，还提供多种下酒菜。由此我们可以看出金妇罗茶泡饭店到底是怎样的店铺。

图 92 "珍妇罗、茶泡饭"的店铺。灯笼上写有"珍妇罗、茶泡饭、下酒菜，任君挑选"等字样。(《童谣妙妙车》二十三篇)

（二）何为金妇罗

金妇罗和天妇罗的差异不仅在名字上，面衣也有不同。关于到底何为金妇罗，本山荻舟说"面衣不用小麦粉，而用荞麦面粉"（《饮食事典》)，而露木米太郎说"主要是用的山茶油，面衣用太白粉或吉野葛粉，用蛋黄和面"（《天妇罗物语》)。然而，目前尚未找到江户时代记录了金妇罗做法的史料。而到了明治时代：

（一）"金妇罗，用上等的小麦粉，加入鸡蛋和面，炸制而成。"（料理书籍《女房之气传》，1894）

（二）"金妇罗，面衣中加入蛋黄的天妇罗。"（《东京风俗志》，1901）

（三）"猪肉金妇罗，将猪里脊肉切成长约两寸、宽约一寸的薄片，再以刀背拍打。裹上面粉，再涂上蛋黄，用芝麻油炸。上桌的方法同天妇罗。"（《料理之练习》，1907）

而大槻文彦在《大言海》中也提到"近年来，有涂上蛋黄，加以金色，唤作金妇罗的"。明治时期把在面衣里加入蛋黄，炸出来是金黄色的天妇罗称为金妇罗。加鸡蛋，尤其是加蛋黄的话，炸出来的天妇罗会呈现金色，确实适合被称为金妇罗。

江户时代，应该也有把昂贵的鸡蛋和在面衣里的天妇罗被称为金妇罗的。

后来，鸡蛋变得便宜了，因此在天妇罗的面衣里加入鸡蛋也就变得普通起来。"金妇罗"这一名称也就逐渐消失了。

（三）茶泡饭店里的天妇罗

经历了半个多世纪的小吃摊时代之后，天妇罗终于进入了金妇罗店的时代。还需要再过一段时间，天妇罗的专门店才会出现。要在店里吃天妇罗的话，一般只能去茶泡饭店。安永年间（1772—1781），江户开始流行茶泡饭店。《金草鞋》十五篇（1822）中描绘了茶泡饭店的热闹景象，嘉永年间茶泡饭店更是数量众多、生意兴盛（图93）。

最初，人们在提供金妇罗等高级天妇罗的茶泡饭店吃天妇罗。一人份的价格从五六十文到一百文左右，并不便宜。更多的江户平民是在一人份只需二十四文到四十八文的天妇罗茶泡饭店吃天妇罗。

序章中介绍过的《江户的夕荣》，记录了从幕末到明治初期的江户景象，其中有如下记载：

　　天妇罗算不上是上流的料理，大都是即食的店铺在卖，也没有什么天妇罗的专门店。在很多天妇罗茶泡饭的小吃摊，一人份的天妇罗加米饭都是二十四文到三十二文，最贵的也就四十八文

图 93　茶泡饭店店内。此店的茶泡饭每份卖十二文。(《金草鞋》十五篇)

左右。变成一百文应该是维新之后的事了。

　　1852 年，生于江户下谷的雕刻家高村光云谈到"维新前后"时，说茶泡饭一度十分流行，有"信乐茶泡饭"、附赠美味的奈良酱菜的"奈良茶泡饭""曙光茶泡饭""宇治故里茶泡饭"、使用五种珍贵食材的"五色茶泡饭"、附赠各种酱菜的"七色茶泡饭"等。而在谈到"天妇罗茶泡饭"时他说：

这个时期，叫作天妇罗店，又只卖天妇罗的，一般都是小吃摊。真正有店面的，必定都是茶泡饭店。日本桥的通三丁目有一家名为"纪伊国屋"的天妇罗茶泡饭店，评价非常高，然而一人份要卖七十二文钱。（金妇罗店）一般是三十二文左右。而一百文，也就是一钱的话，都够到处吃一整天了。（《味觉极乐》）

在天妇罗茶泡饭店可以以比较便宜的价格吃到天妇罗，所以江户的平民要在店里吃天妇罗的时候，都是去天妇罗茶泡饭店就着茶泡饭一起吃。而天妇罗茶泡饭店的出现，也让天妇罗成为可以在店里品尝的食物。不久之后，卖天妇罗的专门店出现了。

四

天妇罗专门店

（一）天妇罗专门店问世

《武江年表》续篇（1878）附录中，记载了明治初期流行的事物。其中有"天妇罗店。最近这种店越来越多"的记载。到了明治时代，天妇罗专门店终于出现了。1885年版的《东京流行细见记》"本芝麻屋扬"一节中，记录了"木原店中宗"等35家店铺的店名，可见在东京各地都出现了天妇罗的名店（图94）。

1890年刊行的《东京百事便》对这些名店中的10家进行了详细的介绍，讲述各自的特征。

天妇罗店

○天金。位丁银座四丁目。都下有名的天妇罗店。一人份十五钱。可自选三种。绅士们自不必说，凡是喜欢吃天妇罗的，都可在此一同饮食。此外，这间店还有一事可称奇事，便是所有

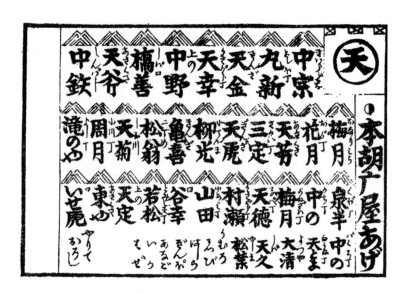

图94 "本芝麻屋扬"店铺。记载了35家店铺的店名。(《东京流行细见记》)

男店员都梳着丁髷[1]，不雇散发的。

〇金妇罗。位于日本桥以北，木原店。店铺装潢颇为用心，其金妇罗一直以来都十分有名。这一带饮食店数量众多，此家以其美味而好评不断，生意兴隆。

〇丸新。位于日本桥区盐坂新道。也提供速食料理。店内装

---

[1] 江户时代男性的一种发型，剃光前额至头顶的头发，将剩余头发在后脑勺扎起来。因发髷形状与"ヽ"相似而得名"丁髷"。 1871 年 9 月 23 日"散发脱刀令"颁布后，留着传统发型的男性大量减少，西洋式的发型开始流行。此时有人开始（半开玩笑地）称呼还留着传统发型的人为"丁髷头"，而现在此称呼则用来指称所有形式的男髷。

潢也颇为不俗。最适合与友人一醉方休。

○梅月。位于神田御成道。几年前还是吉原稻本楼当红游女的小紫，从良后成为这家店的女主人，因此这家店也被称为花魁天妇罗。生意十分兴隆。近来换了主人。

○伊势寅。位于浅草广小路电信局之向门。也卖比较便宜的料理。常有各路食客。

○丸万。位于两国广小路。是这附近最有名的天妇罗店。可根据顾客的要求与喜好提供速食料理。

○吾妻屋。位于浅草广小路电信局一侧。天妇罗专门店，也在店外卖轻便的速食料理，味美价廉，食客众多。

○长谷川。位于新吉原江户町二丁目照相馆旁。是此间有名的天妇罗店。

○天寅。位于银座大道东侧。专卖天妇罗，因美味而吸引到众多食客。

○天银。位于浅草公园观音堂大道伽罗。兼卖各种小菜。号称"一寸一杯"。

其中"天金"这家店，在《东京名物志》（1901）中被赞为"没吃过这家店的天妇罗的人，不算吃过天妇罗。这家店的一人份虽然卖得贵，分量也多"，是东京数一数二的名店。1887年"荞麦面（蒸／汤）"的价格为一钱，"洗浴费"为一钱三厘，1892年"日雇佣劳动者薪水"为十八钱（《明治、大正、昭和价格风俗史》)。与此相比,这家店的三种天妇罗普通分量也要十五钱,比较昂贵,但似乎分量也很足。客人们坐在座席上吃天妇罗,而店员全都梳着丁髷,令人有不一样的时代体验。"天金"的店址改变了多次,一直营业到1971年,最终关店。

而金妇罗的店,虽然没有写明店名,但这家店位于木原店,"其金妇罗一直以来都十分有名",可能是《东京流行细见记》中排名第一的"木原店中宗"。木原店是日本桥南边附近的一个横町,而日本桥南边有我们介绍过的吉兵卫小吃摊。《嬉游笑览》中记载了吉兵卫的小吃摊广受好评,"好事者甚至跑到店主住在木原店的家里去吃天妇罗"。看来吉兵卫在家里也卖天妇罗,因此这家店说不定是吉兵卫的后代在经营。

"丸新"这一店名,在1853年版《细撰记》"丸天屋妇罗"(小吃摊天妇罗)中被记载为"横山丁丸新"。如果确实是同一家店的话,那这家店就是从小吃摊发展为"店内装潢也颇为不俗"的天妇罗店。天金也是从小吃摊开始做生意的。

其他的店铺,在这里我们就不详细展开了。但天金店内铺有座席,几乎所有的店都提供天妇罗以外的其他料理。

即使是像这样有名的店铺,也会把店铺正面的一部分做成小吃摊的形式。露木米太郎说过:

以1923年关东大地震为契机,天妇罗店的构造发生了改变。从大正末期到昭和,店铺往往越来越大,装潢也越发豪华。但在此之前，也就是明治到大正初期时，天妇罗店往往会在店头正面，面向店门的右边或左边，设置摊点（炸天妇罗的地方），另一边则为店的出入口，并设有落地的玻璃门或油纸拉门。但在日俄战争之后，油纸拉门逐渐消失了。(《天妇罗物语》)

《守贞谩稿》卷五《生业》中也记载道："寿司和天妇罗的小吃摊，在晚上的繁华街，必定每町都有三四家。顺便一提，如果在自己家卖天妇罗的话，必定会在店前设摊。而寿司店则有的放，有的不放。"江户时代的天妇罗店，炸天妇罗都不在店里面，

图95　店铺正面临街处做成了小吃摊形式的天妇罗店

而是在店前设一块小吃摊一样的区域。到了明治时代，炸天妇罗的区域还是朝向店外，但位置上被移入店内（图 95）。

（二）座敷天妇罗

明治中期的天妇罗店一般都还是普通的榻榻米座位。不久后出现了一个房间只接待一组客人，在客人面前制作天妇罗的座敷天妇罗店。其先驱是福井扇夫的"出扬座敷天妇罗"。《粹兴奇人传》（1863）记载了福井扇夫的天妇罗广受世人欢迎：

> 近年，苦心研究鲜妇罗的炸法，以其为职业。其炸法特殊，世人没有没吃过他炸的鲜妇罗的。扇夫的名声也十分响亮。世人称之为"大名天妇罗"。（图 96）

关于福井扇夫天妇罗的做法，以及这之后出现的座敷天妇罗店，滨町二丁目的天妇罗店"花长"的店主是这么说的（《月刊食道乐》1905 年 12 月号）：

> 座敷天妇罗店的元祖，还是要数福井扇夫吧。不过那个时候的设备，远不如现在齐全，他也只是带着普通的炉子和小锅去炸天妇罗。其尺寸不过普通小箱子的大小。他拿着这些器具

图 96　福井扇夫的"出扬天妇罗"。(《粹兴奇人传》)

到食客前面，系上围裙，铺好地毯，再在地毯上架好炉子和锅，来炸天妇罗。如果有油剩下的话，还会给客人们再做个炸鸡蛋之类的。这之后，这附近首先打出"座敷天妇罗"招牌的是不忍的冈田。我传承了冈田的油炸方法，天妇罗颇受好评，生意也变得十分兴盛。我离开冈田，在这里（滨町）开了自己的店。我对以前的做法进行了进一步的调整和改良。像您现在看到的，我在最中间的这个炉子里炸天妇罗，左右两边是各种厨具和鱼类等食材。锅子前面架了一个金属网作为台面，在上面铺上对折的洋纸，炸好的天妇罗就放到那上面。中间这个炉子的周围摆放着圆形的餐桌，客人们围坐在我周围。而我按照入座的顺序为他们提供天妇罗。为了大家能尽量吃得比较整洁，我们十分注意细节，如提供白色的餐巾，客人们吃完之后，我们还提供机器加热的温热手巾给他们擦手。

从加热器具到天妇罗食材，福井扇夫准备好炸天妇罗所需的一切，提供上门服务。这也促使座敷天妇罗店出现。因而在1905年出现了"花长"这样的新式座敷天妇罗店。"花长"这家店拥有完整的提供现炸天妇罗的设备，不仅提供餐巾，客人们吃完之后还给他们提供热手巾，服务周到而细致。于是到了明治末期，座敷天妇罗店流行起来。木下谦次郎在《续续美味求真》中说道：

天妇罗小吃摊发展到极致成为座敷天妇罗店。布尔乔亚们来到有壁龛的庄严和室，坐在油锅前一边享受小吃摊般的氛围，一边大快朵颐。滨町的花长是这类店铺里做得最好的。如今市内各处都有这种店铺。

小吃摊天妇罗高级化之后，便成了客厅式的天妇罗店铺。

（三）天妇罗和"精进扬"

明治时代出现了许多天妇罗名店。《东京风俗志》中记载：

> 天妇罗，东京之人十分喜爱，卖天妇罗的店也非常之多，而且大都兼卖其他的便宜料理。普通的做成天妇罗御膳，或者天妇罗盖饭。天妇罗御膳就是单独的天妇罗，配上米饭。天妇罗盖饭就是在米饭上加上天妇罗。就跟蒲烧御膳和鳗鱼饭的原理一样。而食材不用天妇罗常用的鱼肉类，只用菜店能买到的蔬菜炸成的，叫作"精进扬"。

如今东京市民在天妇罗店能随意吃到天妇罗御膳（天妇罗套餐）和天妇罗盖饭。但当时的天妇罗店跟现在不同，食材里没有蔬菜。

《守贞谩稿》后集卷一中记载："江户的天妇罗，（略）都是用鱼虾类裹上乌冬面粉做成的面衣来炸的。蔬菜类的油炸食品在江户不叫天妇罗，只叫油炸食品。"江户时代，只把鱼虾贝类的油炸食品叫作天妇罗。这种分类方法到明治时代还在继续，《东京风俗志》中有刚才引用的"食材不用天妇罗常用的鱼肉类，只用菜店能买到的蔬菜炸成的，便叫作'精进扬'"的记载。各类料理书籍也对天妇罗和精进扬分别进行了说明：

（一）《日用总菜之栞》（1893）对天妇罗的两种炸法，即"天妇罗的料理秘诀"（鱼虾贝类的炸法）和"精进扬的做法"（蔬菜类的炸法）分别进行了介绍。

（二）《简易料理》（1895）介绍了"精进扬"的做法，"将山药、莲藕、牛蒡、马铃薯、菊叶等裹上面衣，再油炸"。与此相对，"天妇罗"则是"面衣中放虾、虾虎鱼、贝柱、斑鳐、云鳚鱼、星鳗等，放入芝麻油中炸，再蘸上料酒和酱油食用"。

（三）《料理手引草》（1898）中记载，"扬物是油炸食品的总称。现在一般把鱼虾贝类的油炸食品称为天妇罗，而把蔬菜类的油炸食品称为精进扬"。

而对于天妇罗的食材也开始使用蔬菜这件事，露木米太郎说：

地震之后，关西的很多饮食店也开到了东京来。关西风的天妇罗也来到了东京。关西风的天妇罗不配酱汁，而是蘸着食盐吃。同时还有炸的银杏果、三叶等，也就是过去东京叫作精进扬的。以前，东京这边有"花长""胡须天平"等店提供炸的蔬菜，但一般的店铺都不提供炸蔬菜。(《天妇罗物语》)

看来，天妇罗的食材中出现蔬菜是关东大地震之后的事情。

天妇罗套餐中的天妇罗是鱼虾贝类的天妇罗，搭配的也并非茶泡饭，而是米饭。跟天妇罗搭配的主食从茶泡饭变成了米饭，天妇罗盖饭也就诞生了。

(四) 天妇罗盖饭

天妇罗盖饭在明治时期终于登场了。考虑到设备、器具等因素，对天妇罗小吃摊而言，要在温热的米饭上加天妇罗是一件很困难的事情。江户时代有各种各样的小吃摊，其中提供米饭的只有卖寿司的小吃摊，这还是因为做寿司不需要热的米饭。天妇罗盖饭是在天妇罗店里诞生的。

《东京名物志》(1901)介绍了10家天妇罗名店。其中有"仲野，天妇罗盖饭元祖。二十五六年前，以七钱的价格开卖"的记载，说神田锻冶町的仲野是第一家卖天妇罗盖饭的店。《月刊食道乐》(1905年11月号)中也有"天妇罗盖饭的元祖为神田锻冶町的仲野。始于明治七八年"的记载，跟《东京名物志》的记载相吻合。看来天妇罗盖饭确实是 1875 年左右在神田锻冶町的仲野这家店开始卖的。露木米太郎说：

> 关于江户特有风味的天妇罗盖饭的酱汁的做法，各家店的店主都煞费苦心，小心翼翼不被发现地去别的店品尝，想要偷学别的店的技艺和味道。经过这种钻研和竞争，天妇罗盖饭成为东京的名物，其美味是别的地区绝对赶不上的。(《天妇罗物语》)

东京的天妇罗店靠着不断钻研改进天妇罗盖饭的酱汁的口味，让天妇罗盖饭成为东京的名物。天妇罗盖饭虽然诞生在鳗鱼饭出现的半个世纪之后，但人气紧随鳗鱼饭，成为东京的知名美食。

第四章

从熟寿司到握寿司

一

握寿司的源头——熟寿司

（一）曾被当作税金的寿司

荞麦面、蒲烧、天妇罗这三大江户名食都出现了之后，握寿司终于登场了。虽然握寿司是江户四大名食中历史最短的，但寿司却是日本最古老的食物。被称为寿司前身的"熟寿司"，在日本已经有一千三百多年的历史。

所谓"熟寿司"，就是把盐渍的鱼跟米饭一起放到容器里，压上重石，经过长时间发酵后制成的酱鱼。米饭中的乳酸发酵让鱼肉变熟，成了带酸味的鱼类发酵食品。近江（滋贺县）的熟寿司直到现在都十分有名（图 97）。

新井白石在《东雅》（1717）中说道："寿司（すし），（略）'す'指醋。'し'为助词。为了储藏鱼肉，加米饭和盐，发酵后呈酸味，因而得名。"也就是说"寿司"这个名称来源于"醋"（酸味）。

图 97　滋贺县的熟寿司。木桶上压着重石

　　熟寿司在奈良时代曾经被当作税金（上供物品）。718 年制定的《养老令》"赋税令"中规定，成年男子（21 岁到 65 岁）需要缴纳的赋税中包含"调"这一项。"调"一般是指纤维制品，成年男子也可以上缴其他被指定为"调"（杂物）的物品，其中就包括寿司。上缴寿司的话，需要上缴"鲍鱼寿司二斗"，或"贻贝寿司三斗"，或"多种寿司五斗"。

　　像这样，奈良时代，政府要求国民上缴的税里还包含了寿司。由此可知日本人对寿司的喜爱从一千三百多年前就开始了。

　　可以纳税的寿司种类中，明文规定的有鲍鱼、贻贝（一种类似红蛤，在日本有悠久食用历史的贝类）和其他（"多种寿司"）。而实际上有哪些寿司被当作赋税上缴了，我们可以从纳税者纳税时附带的木简上一窥一二：有鲍鱼、贻贝、鲫鱼、鲷鱼、鲣鱼、斑鲦等寿司。

其中，贻贝现在几乎不再被当作寿司的食材了，鲫鱼作为滋贺县的名产鲫鱼寿司（熟寿司）的食材，现在也被食用。而鲍鱼、鲷鱼、鲣鱼、斑鲦等，现在依然是常用的寿司食材。

关于"寿司"的写法。在古代中国，"鲊"是指熟寿司，"鮨"指味道咸，这两个字在传来日本之前就已经被混用了。后来日本就把本来被叫作"すし"的食物，写作了"鲊"或"鮨"。到了江户时代，为了看起来更吉利，又有了"寿司"（寿し）这种写法。

到了平安时代，熟寿司依旧可以用来纳税。平安中期的法典《延喜式》（927）中记录了诸国进贡的寿司，其中有鲫鱼寿司、鲍鱼寿司、贻贝寿司、贻贝和海鞘的混合寿司、琵琶鳟鱼寿司、鲑鱼寿司等鱼贝类的寿司，还有野猪寿司、鹿肉寿司等兽肉的寿司。

制作熟寿司所需的时间很长（现在的鲫鱼熟寿司需要一两年时间）。做好之后，丢掉用于发酵的米饭，只食用鱼肉。

（二）生熟寿司与早寿司

到了室町时代，发酵时间更短的"生熟寿司"（写作"生なれ"或"生なり")诞生了。《亲元日记》中记载1481年正月二十七日"伊庭家献上鲫鱼生熟寿司十份",而《山科家礼记》则记载了1486年四月四日"寺家送来了盐鲑鱼生熟寿司"。这些都是关于生熟寿司较早的记载,由此可知生熟寿司在当时是被当作礼品的。

生熟寿司的米饭带有一些酸味,但鱼肉又没有完全发酵,吃的时候还是半生的。有些制作时间比较短的,腌四五天就可以吃了。耶稣会的传教士编纂的《邦译日葡辞书》(1603)中对这种食物的说明为:"生熟寿司,为一种没有完全腌透的腌鱼保存食品。"

生熟寿司这种做法,不会浪费对日本人来说非常珍贵的主食,米饭能跟鱼一起吃。此时,寿司就从副食变成了主食。

当人们开始食用寿司里面腌渍的米饭之后,以米饭而非鱼肉为主体的"米饭寿司"出现了。讲解俳谐创作方法的著作《毛吹草》(1638)的"诸国名物"中记载"山城六条米饭寿司""大和奈良米饭寿司"。在江户初期,六条米饭寿司(京都)和奈良米饭寿司是当时的名物。六条米饭寿司是在米饭上加干鱼皮、松茸、竹笋、茄子等腌制而成(《雍州府志》,1684)。而《人伦训蒙图汇》(1690)的"米饭寿司师"描绘了腌制米饭寿司的情景:寿司师傅正在把重石压到腌制寿司的木桶上(图98)。

与这种米饭寿司相对,不待乳酸发酵产生酸味,而是通过在鱼肉或米饭上加醋来增添酸味,只放一晚就做好的叫作"早寿

图 98 米饭寿司师。制作
方法跟熟寿司颇为相似。
(《人伦训蒙图汇》)

司"。因为早寿司一晚上就能做好，所以也叫作"一夜寿司"。

《料理盐梅集》（1668）"当座鮨之方"一节中，记录了早寿司
的制作方法：用加了盐的食醋腌渍切好的鱼肉，鱼肉变白之后取
出，把米饭和鱼肉与醋混合均匀，再把这些食材都放到木桶里，
盖上重石，进行腌制。而《本朝食鉴》中记载了更详细的制作
方法：

　　另外还有速成做法，或曰一夜寿司的做法。把鱼肉切成薄
　　片，或是准备好鲍鱼、虾、橙子、水蓼、姜等，将上述食材浸泡

于温盐水中，待米饭煮熟后，从盐水中将食材捞出沥干。将鱼肉铺在半凉的米饭上，加少许醋，混合均匀，再将食材都放入木桶里盖上盖，压上石头，在温暖处放置一昼夜即可。

这之后，早寿司的做法进化为将醋饭放到箱中，铺上寿司食材的鱼虾贝类，盖上盖子并压上重石。这种做法逐渐得到了普及。

二

江户城中出现寿司店

(一) 早寿司店

17世纪后半叶,江户出现了寿司店。江户街道的向导册子《江户鹿子》(1687)中,记录了两家寿司店。

"鲊及食寿司　舟町横町　近江屋　同一地点　骏河屋"(图99)。

这两家店卖的"鲊"指熟寿司,"食寿司"指米饭寿司(生熟寿司)。这一时期,熟寿司、生熟寿司、早寿司都已经出现了,但早寿司还没到在店铺里卖的程度。

到了18世纪中叶,江户也有卖早寿司的了。记录了从元文到延享年间(1736—1748)江户风俗的《江府风俗志》(1792)中有以下记载:

这一时期(元文到延享年间)的寿司只有香鱼、青花鱼的。把鱼肉放在米饭上腌制,等过几天有酸味之后,便成了寿司。现

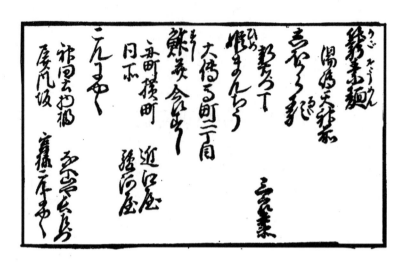

图 99　江户的寿司店。"鲊及食寿司　舟町横町　近江屋　同一地点　骏河屋"。(《江户鹿子》)

在的寿司出现在宝历初期，料理茶屋把早寿司当作下酒菜卖。后来尾张町古木店的"钓瓶寿司"店卖的早寿司因为十分美味而广受欢迎，常被买去用来送礼。

以前制作米饭寿司（生熟寿司）要花好几天，与此相对，在宝历（1751—1764）初期，料理茶屋终于把早寿司当作下酒菜来卖了。紧接着，尾张町古木店的"钓瓶寿司"店也开始卖早寿司，广受欢迎，常常被当作礼品。这段文字记录了早寿司出现及普及的过程。而"钓瓶寿司"开始卖早寿司这件事，虽然现在无法确认，但在 1751 年出版的《江户惣鹿子名所大全》"江户名物及近国近在土产"一节中，有如下记载：

御膳箱鲊　本石町二丁目南侧　伊势屋八兵卫
交鲊、切渍、早渍其外色色望次第有之

位于本石町二丁目南侧（东京都中央区日本桥室町三丁目）
的箱寿司店伊势屋八兵卫在卖"早渍"（早寿司）。而这一时期，
於满（おまん）寿司店也在卖当座鲊（早寿司）。《后昔物语》
（1803）中记载：

於满寿司店是从宝历年间开始营业的。在京桥中桥地区，每
逢夕阳，天空变成胭脂般的颜色，世称"於满红"。因开店于此，
这家店也被称为於满寿司。在此之前，当座鲊是很稀有的。卖寿
司的，一般是用圆形的半切木桶，上面盖上旧的雨伞纸，然后把
木桶堆起来腌制寿司。斑鰶和鲷鱼的寿司等都需要腌制好几天。

於满寿司是寿司店长兵卫开创的一家寿司店。《江户尘拾》
（1767）"於满寿司"一节中也记载这家寿司店始于宝历初年。

这家店开在京桥和中桥之间，颇负盛名。江户的小孩子们看
着夕阳映照彩云如霞，便将此景称作京桥中桥於满红。"於满寿
司"便得名于此逸事。此店是寿司店长兵卫于宝历初期开的。

中桥位于日本桥和京桥之间。1774年，这座桥所在的护城河区域被掩埋了，桥也随之消失。被填成陆地后，这片区域被称为中桥广小路。

这家店被称为於满寿司，据《后昔物语》的记载，是因为中桥附近有一间供奉脂粉的於满稻荷神社（现存于东京都中央区日本桥三丁目三番地三）。而《江户尘拾》中则说是因为小孩子们看着夕阳，会唱起"京桥，中桥，於满红"的歌谣。

於满寿司后来发展为寿司名店。《富贵地座位》（1777）"江户名物"中"料理之部"将"於满寿司　中桥"排名为靠前的"上上吉"位，其标志为一个半切木桶（图100）。在早寿司出现之前，商贩都是"用圆形的半切木桶，上面盖上旧的雨伞纸"来卖

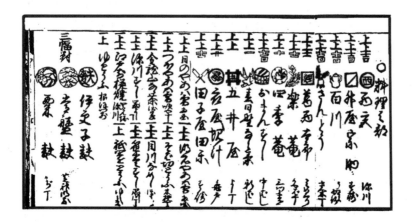

图100　於满寿司。右八为"上上吉　於满寿司　中桥"，其标志为一个半切木桶。(《富贵地座位》)

寿司的（《后昔物语》），这家店还保持这样的习惯。

宝历年间，卖早寿司的店铺诞生了。

（二）早寿司小吃摊

宝历年间，卖早寿司的不仅有店铺，还有小吃摊。西村重长的《绘本江户土产》（1753）"两国桥纳凉"中就描绘了立着"箱付"灯笼，卖放在食盒里的押寿司[1]的小吃摊（图101）。这里我们看到的寿司小吃摊，还只是在一张有桌脚的小台子上摆放几个

图101　箱付寿司小吃摊。（《绘本江户土产》）

---

[1]　将寿司米饭放入食盒中，压实，在上面铺上鱼虾贝类等，再压实制成的寿司。

图 102　早寿司小吃摊。小吃摊上画着格子花纹，招牌上写着"寿司"字样。(《绘本江户爵》)

食盒，这样简陋的小吃摊。后来，带屋顶的小吃摊也出现了。《绘本江户爵》(1786)中收录了喜多川歌麿绘制的早寿司小吃摊，其中有切成小块的押寿司。这幅画还配有如下诗句（图102）：

右夜や冷し　人にやなれし通り町　ゆき合の間にも　鮓やうるらん

寒冷月夜中，人潮熙熙攘攘间，此条通町上。纵然行色匆忙间，亦可一去寿司店

左夕ばへに　おまんをほめて通り町　つめておしあふ　み

せのすし売り

> 夕阳西下间，於满之红路人夸，此条通町上。接踵摩肩店门前，食盒压实寿司店

就像第一句诗所描绘的，小吃摊都是从傍晚才开始营业。通町是从日本桥南边到京桥方向这一带，包括从一丁目到四丁目四个街区。小吃摊正是在这样行人来来往往的大路上卖寿司。

第二句"夕阳西下间"让人想到"於满之红"，并进一步令人联想起於满寿司。在通町四丁目南边的中桥广小路附近，就是於满寿司店。"接踵摩肩店门前，食盒压实寿司店"，指的是木桶或食盒中装的寿司压得很实，也是店里客人很多，人们接踵摩肩的样子的双关。从押寿司的制作方法而来的"押寿司"一词引申到形容人多的"人的寿司"一词，并进一步引申出了"すし詰め"这个词，用来形容十分拥挤的样子。

通过这幅画我们可以看到，小吃摊设置有栏杆，但并没有给客人留出站着吃寿司的场所。客人都是外带回家。四十多年之后，握寿司小吃摊出现了，客人们开始在小吃摊站着吃寿司了。

（三）早寿司小商贩

卖寿司的小商贩也在宝历末期出现了。

すし売をまねる禿は御意に入

戏仿行走商，少女叫卖寿司声，博众人一笑

万句合　1762

　　当时有些卖寿司的商贩，行走在吉原的花街柳巷中。而上级游女的小女仆们模仿这些商贩叫卖寿司的声音，引得客人们大笑。就像以吉原为舞台的洒落本《游子方言》（1770）"夜之风景"中记载的"寿司商贩穿得风流倜傥，叫卖着竹筴鱼寿司与斑鳉寿司"一样，在吉原，一些打扮得很潇洒的年轻男性走街串巷地用好听的声音叫卖寿司。

　　还有诗云：

あじのすう　　こはだのすうと　　にぎやかさ

竹筴鱼寿司，斑鳉寿司，往来叫卖声声繁

万句合　1771

　　卖寿司的小商贩担着好几个叠在一起的寿司盒子走街串巷地叫卖：

すしの箱四五枚入れるつり（釣）のふね

寿司的食盒，四个五个叠一起，活像钓鱼客

万句合　1776

すしや程ゑさ箱のある下手のつり

卖寿司小贩，食盒重重又叠叠，蹩脚钓鱼人

万句合　1782

　　小商贩扛着食盒的样子像是蹩脚的钓鱼人（《略画职人尽》，1826，图 103 ）。

　　寿司使用竹笑鱼和斑鲦作为食材。《续江户砂子》"江户名产"中有"江户前竹笑鱼，中段肥美，江户数一数二的名产"的记录，说明竹笑鱼是江户前的名产。

　　与竹笑鱼相对，斑鲦虽然也产自江户前，但《古今料理集》（1670—1674）中记载"斑鲦，下等鱼"，人们认为斑鲦不是什么高级的食材。然而在斑鲦被当作寿司的食材之后，人们对斑鲦的评价发生了改变。

　　斑鲦寿司在宝历末期十分流行。大田南畝在《金曾木》（1809）中留下了如下的记载：

　　　　现记录宝历末年流行的事物。

图 103　卖早寿司的小商贩。（《略画职人尽》）

家里的守卫、角兵卫狮子[1]、日和木屐[2]、斑鲦寿司、三文花[3]。

这些都是我十二三岁的时候，住在大久保的野村家的姐夫来给我讲的，也是四十多年前的事了。

平贺源内的《根南志具佐》（1763）中也有描写两国桥附近繁荣景象的记录。有道是"卖灯笼的照亮千万家，斑鲦寿司催人沉醉"，可见当时的斑鲦寿司是作为下酒菜卖的。

1736年生于小石川白山，在小石川养生所担任内科医生的小川显道著有《尘塚谈》（1814）一书，记录了到他七十八岁为止江户风俗的变迁。其中有如下记载：

在我年幼的时候，河豚和斑鲦是武家绝不会吃的鱼。因为斑鲦跟"此城"同音[4]，所以忌讳。而不吃河豚则是因为害怕食物中毒。这两种鱼都很便宜。河豚一条大概十二文，斑鲦二三钱（文）。而近来，这两种鱼在士人中都颇有人气，河豚已经涨到一条两三百铜（文），贫民早就吃不起了。虽然士人以上的阶级还是不吃斑鲦，但斑鲦寿司受到了士人和妇人们的喜爱。干河豚的

---

[1] 一种发源于新潟县的乡土艺能，也被称为越后狮子或蒲原狮子。

[2] 矮木屐，一般在晴天穿着。

[3] 江户时代常用来扫墓或拜佛的花束，一束三文，因而得名。

[4] 日语中"斑鲦"与"此城"发音同为"このしろ"。

话，富贵人家也毫不惧怕地在食用了。斑鲦寿司也是一样。

小川显道认为"吃斑鲦"跟"吃此城"的发音相同，所以武士以上的人不吃，但做成斑鲦寿司的话，武士、妇人，甚至富贵之人（身份高贵、富裕的人）都很喜欢吃，因此斑鲦的价格也上涨了。

因为商业上的成功，后来斑鲦也被叫作"シンコ"（shinko）"コハダ"（kohada）等，成为一种名贵的鱼。斑鲦正是被做成寿司才获得了成功，成为富有代表性的寿司食材。雕刻家高村光云在谈到"维新前后的世事"时（《味觉极乐》）曾写道：

> 把布手巾以"吉原折"[1] 戴在头上，衣着靓丽的小商贩叫卖着"卖寿司啦，斑鲦寿司"走来。他们肩上扛着多个类似船形点心盒的盒子，踏着草编的木屐，用好听的声音叫卖。这种外卖的寿司是大的店铺做好之后批发给这些小商贩的，一般一盒里有二十四个寿司，价格仅为一百文（一钱），一个寿司才四文钱，非常便宜。食盒上盖着粉红色的布。当时也有金枪鱼寿司，但寿司的代表当数斑鲦寿司，所以小贩才会叫卖"卖寿司啦，斑鲦寿司"。斑鲦直接吃的话味道平平，但做成寿司的话，就变得非常美味。

---

[1]　一种头巾的戴法，把手巾等对折，两端在脑后打结。小商贩多采用此种戴法。

这里的斑鰶寿司应该是握寿司。寿司在从押寿司演变为握寿司的过程中，斑鰶寿司变得更受欢迎，这一时期，斑鰶是比金枪鱼更具代表性的寿司食材，世人的评价极高。

高村光云说的扛着船形点心盒的情形，现在没有图画记录，但歌川广重的《狂歌四季人物》（1855）中描绘了小商贩扛着长方形的浅底箱子来卖寿司的样子（图104）。

除了竹笑鱼和斑鰶，享和年间（1801—1804）还有卖蛤蜊寿司、鲷鱼寿司的小贩，叫卖着"蛤蜊寿司、鲷鱼寿司"（《吉原谈语》，1802），"蛤蜊寿司，卖蛤蜊寿司啰"（《游倦窟烟之花》，1802），在吉原的花街柳巷中走街串巷地卖寿司。

图104　幕末时期的寿司商贩。（《狂歌四季人物》）

（四）《七十五日》中的寿司店

介绍了江户城中饮食店的《七十五日》中记载了23家寿司店，其中包括"地引寿司""海苔卷寿司""竹叶寿司"[1]等店铺。

---

[1] 日文为"笹卷鮓"（すし），"笹"即矮竹的统称。

地引寿司这家店上方写了"江户前"字样，这家店卖的寿司是用地拉网在江户湾捕到的鱼做的。《七十五日》记录的 23 家寿司店中，以"江户前"做招牌的只有这一家店（图 105）。这与蒲烧店几乎家家都把"江户前"当作招牌的情况大不相同。看来在江户时代，"江户前"不是寿司店，而是蒲烧店的标志。

图 105 "地引寿司"店。写有"江户前地引寿司"字样。(《七十五日》)

卖海苔卷寿司的"志嶋屋胜三郎"这家店，并不是寿司的专门店，除了各种卷寿司（竹叶寿司、玉子卷、海苔卷寿司、豆皮卷），还卖仙贝等食品。由此可知在握寿司出现之前，就有卖卷寿司的店铺了（图 106）。虽然不知道这家店卖的到底是什么样的海苔卷，但可见海苔卷寿司比握寿司更早出现，并在握寿司出现之后被视为握寿司的一种。

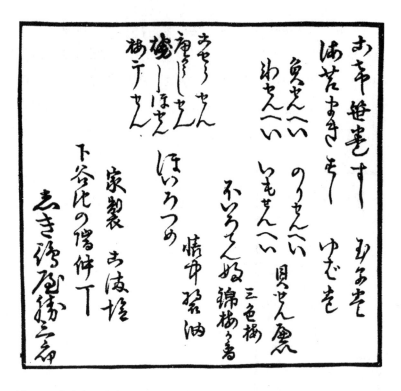

图106　卖卷寿司的店铺。出售竹叶寿司、玉子卷、海苔卷寿司、豆皮卷等食品。(《七十五日》)

记录中有三家卖竹叶寿司的店铺，其中有一家竹叶寿司的专卖店（图107）。

御膳　日本桥品川町　承接盒装寿司订单

竹叶寿司等各类寿司　赠礼佳品　敬请选购

名物　西村屋平兵卫

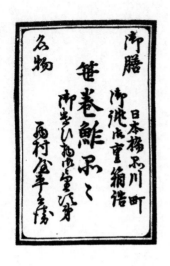

图 107 竹叶寿司的店铺。
(《七十五日》)

书中还记载了毛拔寿司（毛抜き鮨）。毛拔寿司就是竹叶寿司
（图 108）。

へついがしやぐら下

毛拔寿司

笹屋喜右卫门

所谓"竹叶寿司"，是用矮竹叶把一口大小的寿司一个个卷起来。

鮓の魚笹の一よのかりまくら

竹叶寿司，鱼鲜依旧，如一夜假寐

柳一〇四　1828

273

图108 "毛拔寿司"的店铺。(《七十五日》)

　　如川柳所言,这种寿司的特点是需要压制一晚上,经过比较长的时间,鱼肉也不会变色,米饭也不会变硬。式亭三马的《戏场粹言幕之外》(1806)中,有这样一个故事:一个来看戏的观众"拿出包在竹皮里的竹叶寿司,一边东张西望一边吃,结果连矮竹叶都没剥开就往嘴里塞",又赶紧吐出来。看来当时看戏的人会带着竹叶寿司。

　　竹叶寿司的店铺"西村屋平兵卫"被《土地万两》"料理之部"评为"一流　竹叶寿司　品川丁"。在《富贵地座位》"料理之部"中也被评为"上上　竹叶寿司　品川丁",是有名的店铺。但在《七十五日》之后,便再也不见其名。与此相对,在此时声名大噪的是灶河岸的"毛拔寿司"这家店。大阪人西泽一凤说过

（《皇都午睡》初篇中，1850）：

在竈河岸[1]有一家竹叶寿司店，卖每个都单独用矮竹叶包好的竹叶寿司。店名叫毛拔寿司。这家的寿司很合京阪人的胃口，他们也来这里买。所谓"毛拔寿司"，应该指的是这家店把鱼骨、鱼刺处理得很干净。但仔细想想，应该是"挺会吃"这个词的谜语示意。

图 109　竹叶寿司。（《守贞谩稿》）

在这一时期的江户，握寿司已经成为主流，而《守贞谩稿》后集卷一《食类》中有"竈河岸的毛拔寿司，一个两文钱。每个寿司都单独用矮竹叶包好，放入木桶中，用大石压制"的记载，看来毛拔寿司还是押寿司，因此也更合大阪人的胃口（图 109）。

西泽一凤说"毛拔寿司"的名称来源于"挺会吃"这个词的谜语，但还有诗云：

毛拔寿し喰うか喰ぬか土産にし

毛拔寿司，吃或不吃，可做土产

一二四别　　1833

---

[1]　へっついがし，现在的日本桥人形町二丁目附近。

看来，当时有人觉得因为剔骨（毛拔）需要刀刃，所以"毛拔寿司"一名来自"挺会吃"的谐音[1]。但也有人认为是毛拔寿司把鱼刺处理得很干净而得名的。《东京名物志》（1901）中有如下记载：

> 毛拔寿司，位于竈河岸。也有人称其为"竹叶"。虽为握寿司，但仍然每个都用竹叶包起来，并以大石压制。此外，鱼肉中的小刺也被剔除干净，再加上醋的作用，即使在夏天，也能保质一昼夜。价格也很便宜。

引文中提到这家店的特色是鱼刺处理得干净及醋的使用（图

图 110　明治时代的"毛拔寿司"。屋顶下的招牌上似乎写的是"竈河岸橹下　御膳毛拔寿司　笹屋喜右卫门"。（《东京名家繁昌图录》，1883）

---

[1]　日语中"刀刃契合"（食い合う）的发音容易令人联想到"挺会吃"（よふ喰ふ）。

110）。原本竹叶寿司和毛拔寿司是两家不同的店铺，而现在，继承了这两家店店名的"竹叶毛拔寿司总店"（神田小川町）还在卖着富有江户遗风的"竹叶毛拔寿司"。

三

握寿司

（一）即席押寿司店

寿司的发展经历了从熟寿司到生熟寿司，并进一步发展出早寿司的过程。早寿司又衍生出了像竹叶寿司这样可以一口吃掉的小块寿司。竹叶寿司的出现离握寿司更近了一步。竹叶寿司需要一晚上才能做好。而相生寿司这种可以比早寿司更快做好的即席早寿司诞生了。式亭三马为相生寿司而写的《御膳相生寿司报条》中，有以下宣传语：

> 判断腌渍寿司需耗费五天五夜终告成熟，是生意人的规矩。吃寿司时连包寿司的竹叶也一并吃掉，是买寿司的人的礼仪。也不知各种规矩礼仪能否流传到后世，毕竟当今社会，事事求快，有些店家用制作千人份早饭的超快速度制作早寿司、腌酱菜，其速度是连团藏一人饰演七角或八人艺都赶不上的。而过

去细工慢活做寿司的"一夜寿司",如今也是徒有虚名了。叫卖寿司的小贩以巧言增添寿司的美味,寿司摊子打出招牌为自家的寿司宣传,而老牌寿司店则连招牌都打不出来了。偌大的江户城中,寿司店遍地,人人都爱吃寿司。在这众多的寿司店中,有对寿司做法苦心研究的,做出来的寿司,无论是吃鱼和菜的两部神道,还是吃米饭豆渣的人家,不论爱喝酒的还是不喝酒的,人人都赞不绝口的,那便是相生寿司。本店制作的寿司大小均一、种类繁多、色香俱全,欢迎与别家的寿司比较一二。欢迎垂询订购。(以下略)(《狂言绮语》,1804)

所谓"团藏一人分饰七角",是指当时的名演员四世市川团藏以切换角色迅速而闻名。在《假名手本忠臣藏》的狂言中,他一个人演七个角色,角色间的切换十分迅速。而所谓"八人艺",也称"早业八人艺",是用钟、太鼓、笛子等乐器,一个演员在八个角色间迅速切换的一种表演艺术。式亭三马的《浮世澡堂》前篇(1809)中,有"八人艺,一人模仿八人"的记录。

这段宣传语说明了相生寿司与竹叶寿司、早寿司等不同,是用连团藏和"八人艺"都比不上的快速手法迅速加工、销售的寿司。

在寿司店铺数量增加、不苦心钻研与创新就无法存活下去的时代,相生寿司这种超级早寿司,大概就是当场压制、贩卖的押寿司吧。《狂歌夜光珠》(1815)中记录了大阪顺庆町的夜摊是用在寿司盒子上放木板,双手用力按压木板的制作方式。他们卖的便是即席的押寿司(图111)。

图 111　即席押寿司摊贩。(《狂歌夜光珠》)

相生寿司的宣传语也昭示着押寿司时代的到来。相生寿司应该取得了成功，在二十年后出版的《江户买物独案内》（1824）中，被评价为"御膳 一流 相生寿司"（图112）。

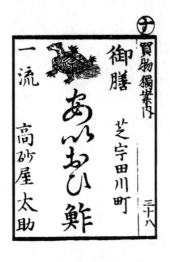

图112　相生寿司。(《江户买物独案内》)

（二）高级寿司店

在这样各类寿司店纷纷涌现的时代，卖高级寿司的店铺也终于出现了。

《嬉游笑览》（1830）中有"文化初期，深川六间堀有一家'松寿司'，其寿司颇为不凡，改变了世上寿司的潮流"的记载。"松寿司"在《江户买物独案内》中也有记载，"深川御船藏町安宅　一铭松寿司　砂寿司　堺屋松五郎"。虽然这家店的店名叫"砂寿司"，但因为主人名叫堺屋松五郎，所以也被叫作"松寿司"（图 113）。店铺所在的深川御船藏前町俗称为"安宅"，因此这家店也被通称为"安宅的松寿司"，简称为"松寿司"，或者被昵称为"安宅的松公"。店铺附近有六间堀这一大水路，因此《嬉游笑览》说松寿司在深川六间堀。

图 113 "砂寿司"。(《江户买物独案内》)

1818 年正月（四月改元为文政）刊行的式亭三马的《四十八癖》四篇中，两个登场角色就松寿司有以下交流：

● 昨天我去了安宅的松公那里，吃了刚做好的寿司。松寿司可真是太好吃了，是吧？（店主。）

■ 那是自然。松寿司可不仅仅是好看，鱼也好吃得很。不懂门道的，可算不上是正宗的江户人。开在那么偏僻的地方，还能卖每盒或每桶两三百匹，真不愧是松寿司。

这段对话中，一个人说自己去吃了松寿司，并向店主寻求赞同，说："真是太好吃了，是吧？"而店主回答说，松寿司不仅好看，鱼更是好吃，吃不出来松寿司跟别的店的区别的话，就不算是正宗的江户人。这家店的寿司价格不菲，盒装和桶装分别要两百匹（两千文）和三百匹（三千文）。而《甲子夜话》（1821—1841）卷十八中，还有如下记载：

> 最近在大河东边的安宅，新开了一家叫松寿司的店。（略）这家店的寿司很昂贵，两层五寸的食盒就要金三元。店主做好寿司之后总是会先试吃，如果味道不满意，他会干脆把那些寿司扔掉。

松寿司这家店卖的寿司很贵，做好寿司之后，店主会试吃，如果觉得味道不满意，就会扔掉。

《甲子夜话》是平户藩（长崎县）藩主松浦静山1806年隐退之后，在江户本所的别墅里，从1821年开始写作的随笔杂录，写作一直持续到1841年。这段关于松寿司的记录，是1822年左右写的。"两五寸的食盒层就要金二元（二两）"实在让人觉得太贵，但也有诗云：

松が鮓一分ぺろりと猫が喰

松寿司，一分只得一小口，犹如猫食

柳七五　1822

そろばんづくならよしなんし松が鮓

别打算盘了，反正都贵，松寿司

柳九二　1827

而松寿司作为高级店，生意依然十分兴隆：

松が鮓万民是を賞翫す

松寿司，万民尝

柳八二　1825

可见松寿司十分有人气。在此之前，寿司都是比较廉价的，而松寿司靠着贩卖高级寿司广受好评，其他店铺纷纷效仿，江户出现了众多高级寿司店。正如《嬉游笑览》中说的"松寿司改变了世上寿司的潮流"，寿司店铺多样化的时代终于到来了。

松寿司在天保末期搬到了浅草平右卫门町（第六天神前，台东区浅草桥一丁目）。

（三）握寿司的元祖说

有一种说法认为松寿司是握寿司的元祖。然而《四十八癖》中说"吃了刚做好的寿司"，《甲子夜话》中也说"店主做好寿司之后总是会先试吃"，如果不满意的话就扔掉。如果真的是握寿司的话，就不会出现上述情况了，因此松寿司卖的，应该还是原本的押寿司。

《守贞谩稿》后集卷一《食类》中有记载："从文政末年开始，在戎桥以南，有一家'松之寿司'，卖的是江户风的握寿司。（略）这种寿司开始在大阪被当作江户寿司贩卖。"作者喜田川守贞在1840年从大阪搬到了江户，因此1830年时他还住在大阪。文政末年时期，大阪的松之寿司开始卖握寿司这一说法，因而有一定的可信性。如果说这家店跟江户的松寿司有关系的话，那么在这之前松寿司已经开始卖握寿司了。但我们无法找到任何材料证明这两家店有关。

一勇斋（歌川）国芳在1844年画过一幅"松寿司"锦绘。其中可以看到有貌似青花鱼的押寿司上面放着玉子卷，再上面叠放着虾的握寿司。但也可以说它看着像押寿司（图114）。1853年版的《细撰记》"寿司屋渍吉"中，松寿司排名第一，而这个排行榜上的押寿司的店，有"竹叶""毛拔""钓瓶"，并且从"寿司屋渍吉"这个名字来看，这里记载的应该是押寿司的店（图115）。

图 114　松寿司。"小孩也抓着带有扇子花纹的袖子，吵着要吃安宅的松寿司。"（味之素文化中心收藏）

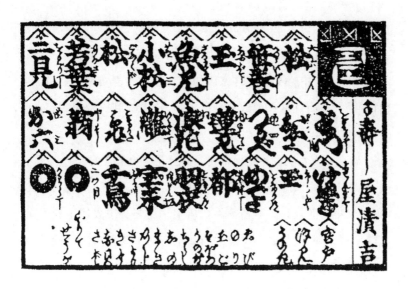

图 115 "寿司屋渍吉"。图中也有"松寿司""竹叶""毛拔""钓瓶"等店名

另外，在森铣三的《明治东京逸闻史》中，有如下记载：

松之寿司。依田学海写道，他带着妻子到浅草代地町吃松之寿司。其他寿司店通常是在捏好的米饭上放上鱼肉或烤鸡蛋，但松之寿司与此不同。松之寿司这家店的做法是在用力捏米饭的过程中让鱼味浸到米饭之中。价格为一人份十五钱，跟其他店相比，几乎是两倍了。但是因为十分美味，客人们还是十分喜欢这家店。他吃完之后还会再买一包带回家去，给四个孩子吃。（《依田学海日记》，1897）

《东京名物志》（1901）介绍了松寿司的盛况："大六天神前的'安宅的松寿司'从江户时代起就非常有名，现在依然是寿司店的泰斗。（中略）尤其这家店的青花鱼的卷寿司是独一份。店面也很大，简直是大型的料理店了。"这里提到松寿司的卖点是"青花鱼的卷寿司"（图116）。

　　看来松寿司卖的不是握寿司，而且在明治末年关店了。

　　此外，关于握寿司还有一个说法：文政年间（1818—1830）初期，两国的与兵卫寿司第一代店主华屋与兵卫发明了握寿司。《东京百事便》（1890）中有"与兵卫寿司（略），都下所谓握寿司，此家便是元祖"的记载，《东京名物志》中也说"与兵卫，在回向院前的街里。乃是握寿司之元祖，自古便十分有名"。

　　看来在明治时期，与兵卫寿司被认为是握寿司的元祖，而与

图116　明治时代的"安宅的松寿司"店铺。（《东京名家繁昌图录》）

兵卫寿司的店主也主张自己是握寿司的元祖。第四代店主小泉与兵卫说：

> 东京的寿司大都是握寿司。这种握寿司并不是多古老的食物。文政七年，华屋与兵卫这个人，也就是与兵卫寿司的初代店主，发明了握寿司的做法。他原本是藏前札差 [1]，后来经营二手工具店，也卖过点心，这些事业都失败了。最后他开起了寿司店，钻研发明了握寿司的做法。相较于押寿司，这种做法不麻烦，而且还很有特点，颇为符合江户的风俗气质，生意便逐渐兴隆了起来。最终，让江户的寿司都做成了握寿司。（《妇人世界临时增刊》，1908）

然而，"与兵卫寿司"这个名字第一次出现要追溯至1836年刊行的《江户名物诗》。其中记录：

> 与兵卫寿司。各个街区都有其流行的寿司店。最近，两国东边街道里面新开了一家寿司店，叫作与兵卫，客人很多，得抢座位。

文献中提到与兵卫寿司是"最近新开的一家店"。后面我们会

---

[1] "札差"（ふださし）是江户时代变卖武士的俸米的从业者。

谈到，握寿司诞生于 1827 年，因此与兵卫寿司是在此之后才开店的。据说在开店之前，与兵卫把握寿司放在提盒中沿街叫卖，随后开起了寿司小吃摊，再之后才开了寿司店。但笔者并未在当时的史料中找到能证明这些的记录。另外，1844 年时有诗云：

押しのきく人は松公と与兵衛なり

寿司捏得好，还数松公和与兵卫

《种瓢》二集

诗中描绘的是压制寿司的样子（图 117）。与兵卫寿司可能跟松寿司一样，也是从卖押寿司开始的。

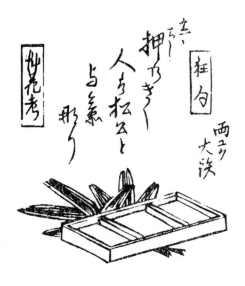

图 117　吟诵松寿司和与兵卫寿司的诗句。（《种瓢》二集）

与兵卫寿司店的店面很小，但从开店初期就相当热闹，之后生意繁盛不衰。《总武两岸图抄》（1858）中，有以下几首狂歌：

　　　　（一）与兵衛鮨漬る山葵の口薬　鉄砲巻も好むもののふ
　　　　与兵卫寿司，山葵烈如枪火药，一如铁炮卷
　　　　（二）こみあひて待草臥るゝ与兵衛鮨　客も諸とも手を握りけり
　　　　与兵卫寿司，生意繁忙客人等，直想帮忙捏
　　　　（三）鯛平目いつも風味は与兵衛鮨　買人は見世に待て折詰
　　　　鯛鱼比目鱼，与兵卫寿司风味，客人排队等

　　其中，从（一）可以得知与兵卫寿司店也卖铁炮卷，那是一种以干的瓢瓜为心的海苔卷。

　　而从（二）可知，这一时期与兵卫寿司店在卖握寿司。（三）记述了与兵卫寿司店客人众多、生意兴旺的场景。

　　后来与兵卫寿司店作为握寿司的名店继续发展，在明治时期有了很气派的店面。然而在1930年，与兵卫寿司店关门了（图118）。筑前琵琶师丰田旭让曾说过："本所的与兵卫寿司，米饭非常好吃，但星鳗及其他煮菜都很难吃。"这是1927年左右的事情。这之后，子母泽宽也曾不无怀念地说过："两国的与兵卫寿司，店面非常气派。确实像丰田旭让说的，米饭非常好吃，鸡蛋也很好吃，但那之后生意还是渐渐败落了。"（《味觉极乐》）

图 118 明治时代的与兵卫寿司。(《东京名家繁昌图录》)

(四) 握寿司小吃摊

抛开握寿司的元祖到底是哪家店这个问题，当时的江户已经出现一口寿司的店（竹叶寿司，1777）、一口寿司的小吃摊（《绘本江户爵》，1786）、即席押寿司的店（相生寿司，1804）。而这种一口的寿司，如果是当场捏好的，那就是握寿司了。握寿司登场的时机已经成熟了。虽然很想说握寿司出现于文化年间，但在目前发现的史料中，握寿司最早的销售记录收录于文政十年（1827）的《俳风柳多留》一〇八篇中：

妖術といふ身で握る鮓の飯
捏寿司的技术，犹如妖术

这句诗很真实地捕捉到了捏寿司的人手的姿势宛若妖术（忍术）师念咒文时的手势这一点（图119）。当时捏握寿司还比较罕见，这句诗一定是亲眼看到捏寿司的过程的人所作，讲述的应该是小吃摊的寿司。

而第二年还有如下诗句：

握られて出来て食い付く鮓の飯

捏好做好吃掉，新鲜的寿司

图 119　妖术（忍术）师。念咒文时的手势跟制作握寿司时的手势很相似。尾上荣三郎的天竺德兵卫。歌川丰国绘制

此诗描述的是当场把刚做好的寿司吃掉的样子，这应该是客人们站在小吃摊旁吃寿司的景象。

文化年间（1804—1818），有很多以店铺形式经营的寿司店（后述）。像松寿司这样超高级的店，只在店内给客人提供寿司。而相生寿司，则如其宣传所言"堂食外送皆欢迎垂询"，卖的是外卖或送人用的寿司。

描绘了 1805 年前后日本桥到今川桥之间大道繁华景象的《熙代胜览》绘卷中，画有一家叫作"玉鲊"的街边店铺。店内有制作寿司的容器、盛放寿司的餐具，但却没有客人的座位（图120）。看来即使是在江户数一数二的主干道，寿司店也没有给客人提供就餐的空间。《江户名物诗》（1836）中描绘了吉原仲之町（中央大道）的"通寿司"（かよひ寿し），这家店也没有用餐空间，并且除了寿司，还外卖其他多种食品（图121）。也许是出于吉原这一特殊地区的特性，这家店才专门做外卖，但还是可以一窥当时寿司店的景象。笔者推断当时的寿司店并未提供现做现吃的服务。

江户的街道上有很多小吃摊。1799 年，有奉行所经营许可的"挑担小吃摊"经营者多达 900 多人。就像式亭三马的《大千世界乐屋探》（1817）中描绘的，这些小吃摊有"大福饼、甜酒、豆腐串烧、风铃荞麦面、寿司、玉子烧、天妇罗，在桥的东西两边扎堆营业"，两国桥原本就聚集着很多小吃摊，这片区域很流行买来站着吃。其中也有寿司的小吃摊，应该是卖站着吃的押寿

图 120　玉鲊寿司店。店铺面向大街，店内有制作寿司的容器、盛放寿司的
餐具，但没有客人的座位。(《熙代胜览》)

图121 吉原名物"通寿司"。应该是押寿司的店铺。前方的男子买了寿司外卖。(《江户名物诗》)

司。看柳亭种彦著、歌川国贞绘制的《忍草壳对花笼》(1821)中画的小吃摊就知道了（图122)。与前文提及的《绘本江户爵》一样，《忍草壳对花笼》中描绘的寿司小吃摊也设有栏杆，沿袭了之前小吃摊的风格。在装有小块寿司的寿司箱左边，放着茶碗和似乎是椭圆形小寿司桶的容器。容器上面铺着矮竹叶，应该是在这上面放上寿司端给客人，并附赠茶水。

押寿司从外卖时代转向了立食时代。而从这些小吃摊卖的押

图 122　带栏杆的押寿司小吃摊。虽然不是立食式的，但放着茶碗和垫着竹叶的椭圆形寿司桶容器。(《忍草壳对花笼》)

寿司中又发展出当场捏制、当场食用的寿司。这是 1827 年前后的事，捏寿司的手势也像忍术的手势一样广受瞩目了。

（五）握寿司小吃摊风靡

日本人有着悠久的食用寿司的历史。但以前若想吃到寿司，必须要花很长的时间去准备。在寿司做好之前，食客们不得不等待很久。之后寿司准备的时间渐渐缩短，而当场捏制、立刻就能食用的寿司无疑是寿司历史上一次重大变革。

小吃摊卖的握寿司非常受江户人的欢迎。《守贞漫稿》卷六《生业》中有"寿司和天妇罗的小吃摊，在夜晚的每个繁华街道必有三四家"的记载，当时寿司和天妇罗的小吃摊遍布大街小巷。这一时期，夜间营业的荞麦面小吃摊也有很多，而荞麦面的小吃摊大多是小商贩挑着担子沿街叫卖。幕末时期，在固定地点营业的街头小吃摊中，最多的就是寿司和天妇罗的摊位。在寿司和天妇罗的小吃摊上，商贩们就像招牌上写的那样，使用江户前产的鱼虾贝类制作寿司或天妇罗，提供给站着的客人们。

握寿司在江户成为人气食品的一个原因是江户前海产富饶，有丰富的寿司食材（后述）。在介绍鳗鱼饭时提过的，白米被运送到江户来这一背景值得注意。寿司的美味在于鱼肉和醋饭的和谐碰撞。当时的江户有许多舂米店，提供大量白米（图 123）。舂米之后会剩下糠，当时江户甚至有专门收集、贩卖米糠的"米糠店"（图 124）。在江户很容易就能购买到优质的白米，这也是握寿司得以普及的原动力之一。

不久之后，握寿司就传到了大阪和名古屋。

据《守贞谩稿》后集卷一《食类》记载，握寿司是文政末年传到大阪的。而文政第十三年（1830）十二月改元为天保，也就是说，握寿司在江户出现了大概三年之后才传到大阪。

描绘了名古屋城下居民生活的绘卷日记《名阳见闻图会》在 1835 年五月的内容中有如下记录：

> 从这一时期开始，末广町开了寿司店，叫作"三寿司"。店员制作这种寿司时的手法十分迅速，堪称奇妙。此外，这家店的店员全都是江户人，是一家非常干净整洁的店。

看来，这家店是由江户的寿司师傅捏制寿司，而看到这一过程的作者对此赞不绝口。后来有不少在江户磨炼了技术的寿司手艺人来到名古屋，在"干净整洁的店"里制作寿司。店铺前面的小吃摊上摆放着握寿司，可见握寿司是小吃摊卖的食品（图 125）。

图 123 春米店。图中可见并排的春米器在春米。(《教草女房形气》二十一篇，1861)

图 124 米糠店。图中可见装着米糠的袋子和木桶。(《教草女房形气》二十一篇)

図 125　名古屋的握寿司店。暖帘上写着"江户屋"，店内是来自江户的师傅在捏制寿司。店前有卖寿司的小摊。(《名阳见闻图会》)

（六）握寿司之城

　　不久之后，寿司店也开始卖握寿司，江户成了握寿司之城。

　　《守贞漫稿》后集卷一《食类》中说："三都（江户、大阪、名古屋）都有卖押寿司的。但在江户，食盒装的寿司已在不知不觉间消失了，只剩握寿司。押寿司是这五六十年渐渐消失的。"

《守贞谩稿》是 1867 年写就的，那么五十年前是 1817 年。虽然没有握寿司出现在这一时期的史料，但我们还是可以一窥握寿司逐渐取代押寿司的过程。很难想象真如《守贞谩稿》所说的那样，江户所有的寿司店都只卖握寿司了（还有松寿司、竹叶寿司、通路寿司等押寿司的名店），但到 19 世纪中期，江户终于迎来了握寿司的时代，寿司店的数量也急剧增加。

握寿司诞生前的 1811 年，根据町名主向奉行所提交的"食品类商家"数量调查报告可知，"寿司店"的数量为 217 家（《类集撰要》四四）。而这一时期的"乌冬、荞麦面店"的数量为 718 家，寿司店的数量还不到荞麦面店数量的三分之一。

但在握寿司诞生之后，寿司店的数量迅速超过了荞麦面店的数量，变成了"江户的寿司店，数量十分众多，每町都有一两家。而荞麦面店则是一两个町才有一家"的状况（《守贞谩稿》卷五《生业》）。

1839 年左右，荞麦面店的数量约为 700 家。如果如《守贞谩稿》中记载的 1853 年寿司店的数量超过了荞麦面店的数量，那意味着从 1811 年到 1853 年这大约四十年中，寿司店从 217 家增加到了 700 家以上。

开始提供握寿司之后，寿司店的数量急剧增加。而模仿相扑排名的"寿司店排名"（江户后期）也出版了，其中记录了 193 家寿司店（图 126）。

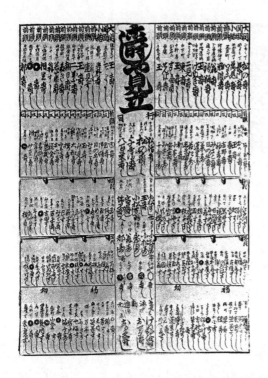

图 126 寿司店排名。
其中记录了 193 家寿
司店。中间最上方
的"行司"中有"松
之寿司""与兵卫寿
司"等店名。最下排
的"差添"中有"毛
拔寿司""於满寿司"
等店名

　　此外，握寿司还被加到了宴会料理店的菜单中。1853 年版
《细撰记》异版的"会席屋寿司"中，店名之后还写有"均为上
等料理。会席：内脏汤，即席：刺身，保证合您口味"。这里列举
的都是会席料理的店铺，但从"会席屋寿司"可以看出，它们也
提供寿司（图 127）。

　　其中"田中　燕燕亭"（上排右二）这家会席料理店，位于吉
原花街附近的山谷田中。在 1852 年到 1853 年出版的题为《东都
高名会席尽》（歌川丰国、歌川广重合作绘制）的五十页画集中，

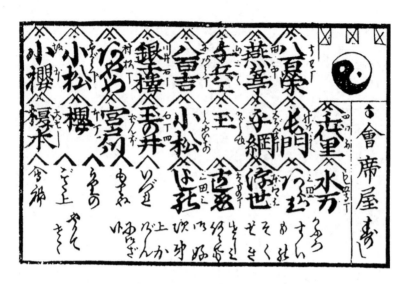

图 127 "会席屋寿司"。上排右二为"田中　燕燕亭"。(《细撰记》异版)

有一页描绘的就是这家店（图 128）。寿司桶中放着斑鰶、金枪鱼的握寿司。现在的日本料理店也有提供寿司的，其历史可以追溯到这一时期。

　　蒲烧店以店铺经营为主。1811 年町名主调查"食品类商家"的数量时，"蒲烧店"的数量为 237 家，与"寿司店"的数量大致相同。虽然不知道蒲烧店在每个町增加了多少家，但蒲烧的价格不便宜，不是每天都能吃的日常食品，因此蒲烧店的增加应该不会超过寿司店。而天妇罗基本上是小吃摊经营。因此，寿司店变得比荞麦面店多意味着到幕末时期，江户四大名食中寿司的店铺数量是最多的。

图 128　燕燕亭。(《东都高名会席尽》)

（七）握寿司与酒糟醋

纪州藩一位姓原田的医师在其幕末时期的江户见闻录中提到"寿司都是捏制的，没有压的。调味很好。京阪地区是比不上的"（《江户自慢》，1860）。书中的"寿司都是捏制的，没有压的"，无疑跟《守贞谩稿》中的记述一样，并非实情。但说到"调味很好"，就必须提到跟握寿司的味道很相配的醋的发明。

尾张、半田[1]的酒屋中野又左卫门家从1810年开始正式生产以酒糟为原料的酒糟醋，并以㋖为商标在江户贩卖。这种醋的味道跟握寿司非常相配，因此需求量大增，在幕末时期形成高级酒糟醋品牌"山吹"，是出口江户的主要商品。此外，"山吹"以外的另一个品牌"三之判"，在明治后期被用来指称"山吹"中最高档的产品（《酿造的开始和中之醋店》）。

《守贞谩稿》后集卷一《食类》中记载"醋。江户多用尾张名古屋生产的㋖"，由此可知这种醋在江户也非常有人气，连寿司店都在用。1853版《细撰记》"名代屋鲔九郎"中，寿司店的店名下还写有㋖字样（图129）。

与兵卫寿司第四代主人的弟弟小泉清三郎（小泉迂外）出版过一本题为《家庭寿司的做法》（1910）的书。其中有如下记载：

---

[1]　今爱知县。

306

图 129 "名代屋鲊九郎"店铺。寿司店店名下有🈹字样。(《细撰记》)

醋跟米饭一样，对寿司而言是不可或缺的。醋有很多种，一般分为五等。寿司中使用的醋是尾州半田酿造的"山吹"。这种醋是俗称味滋康中的最上等，也被叫作"三之判"。

而江户寿司老店吉野寿司本店（日本桥）的第三代店主吉野升雄（1906 年出生），对这段话是如此解说的：

对于寿司店来说，醋可以说是打造寿司最基本味道的调味料了。(略) 味滋康的醋里，"三之判的山吹"是最上等的，所以寿司店纷纷以使用三之判山吹醋为傲。可以说，这确实是非常适合

东京寿司店的醋，是一种色泽浓丽的赤醋。(《解说·家庭〈寿司的做法〉》)

酒糟醋是"一种色泽浓丽的赤醋"。因此寿司的米饭也沾上了红色。木下谦次郎曾说过：

这种醋（山吹）正如其名[1]，是山吹般的颜色，因此会让米饭也染上红色，这有损寿司的颜色，实在令人不愉快。米饭的雪白、金枪鱼的深红、斑鰶的青色、鸡蛋的黄色、海苔的绿色等，握寿司的一大精妙之处就在于色彩之美。做寿司的米要用捣掉米糠的精米，就是为了让米饭呈现出纯白色。若是用这种会染色的醋，用精米的意义就完全消失了。这里还是希望使用不会染色的醋。(《续续美味求真》)

因为米的精白度提高，酒糟醋会让寿司饭染上红色，现在一般都把酒糟醋与其他寿司醋混合使用，用不容易把饭染红的酒粕醋或是开发酒粕与米酿造的无色醋。

---

[1] 山吹花即棣棠花。常于地名或人名。

四

握寿司的种类及配菜

（一）寿司的种类及食材

《守贞谩稿》中记载：

> 江户原本也像京阪地区一样，食盒装的寿司居多。近年来
> 这种寿司逐渐消失，全都变成了握寿司。握寿司在米饭上放玉子
> 烧、鲍鱼、金枪鱼刺身、虾肉松、鲷鱼、斑鳈、白鱼、章鱼及其
> 他多种食材。（卷六《生业》）
>
> 江户现在做的都是握寿司。有玉子烧、对虾、虾肉松、白
> 鱼、金枪鱼刺身、斑鳈、长条甜煮星鳗等。（后集卷一《食类》）

书中不但记载了寿司的种类，还配有绘图（图130）。看这张
绘图，我们能知道以下几点：

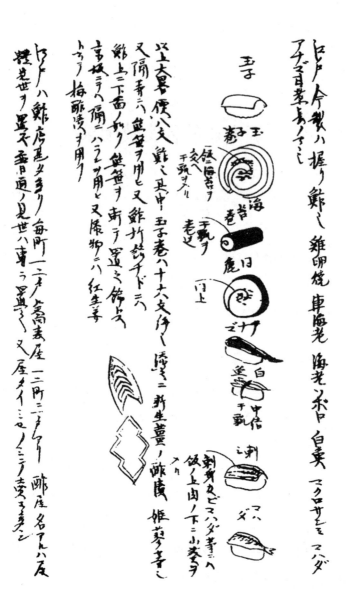

图130　握寿司的种类。(《守贞谩稿》后集卷一《食类》)

310

图中的"玉子"不是现在的厚鸡蛋卷，而是薄的鸡蛋卷寿司，相当于现在的寿司店里的"寿司玉"（虽然提供这个的店不多），而"玉子卷"是"在米饭里加入海苔和干瓢[1]"。

　　"海苔卷"是指"加入干瓢"的寿司，比握寿司更早流行，后来成为握寿司的一种。"同庵"是指太卷[2]，也卷着干瓢。现在的海苔卷里面会放很多食材，原本只有干瓢一种。但这是江户的做法，《守贞谩稿》中说京阪地区把海苔卷叫作"卷寿司"，是"在米饭中放香菇和土当归"，从中可以看出关东和关西的区别。

　　"星鳗"，文中说的是"长条甜煮星鳗"，是用一整条星鳗来做寿司。从图中可以得知，用整条星鳗做的握寿司很大。吉野升雄说"跟现在不同，过去的握寿司大得多，一般一口吃不掉一个，一口半或者两口才能吃掉一个。（略）人们通常在从公共澡堂回家的路上路过寿司的小吃摊时，买两三个来吃"（《鲊·鮨·寿司》）。

　　的确，江户到明治时期的握寿司比较大。《月刊食道乐》（1906 年 8 月号）中一篇题为《寿司行脚》的文章中，一个叫井筒为蝶的人遍尝了寿司小吃摊，并做出了评价。对其中一家，他是这么评价的（图 131）：

　　　　其寿司的大小正好一口可以吃完，从实用的角度来说，确实是寿司的一大进步。以前那种大的寿司，一口吃不完，带着牙印

---

[1] 干瓢，晒干的葫芦条。

[2] 太卷，直径比较粗的寿司。

图 131　握寿司的小吃摊。捏好的寿司被摆放在一起。(《月刊食道乐》)

又放回盘子里，再拿来继续吃，确实不太雅观。尤其是金枪鱼、章鱼的握寿司，无论是用筷子切还是用牙咬，都实在不雅观。而做成小块的握寿司，确实解决了这一问题。

现在看来，当时江户人大口吃着的，确实是不太好下口的大块寿司。

"白鱼"[1]部分写着"中结　干瓢"，意思是为了不让鱼肉掉落，用干瓢将其绑了起来。

"刺身"指的是文中所说的"金枪鱼刺身"，"刺身和斑鰶等，放在米饭上，并在鱼肉下放山葵"，可见金枪鱼和斑鰶的吃法跟

----

[1]　彼氏冰虾虎鱼，身体透明，生态和形状与都与银鱼相似，分布于日本及朝鲜半岛。

现在一样，要用到山葵。这里需要注意的是，吃寿司时用到山葵以及金枪鱼开始成为寿司的食材这两点。虽然金枪鱼在江户时代被视为下等的鱼类，但就像"金枪鱼作为寿司食材，能发挥其最美味的一面"（《鮓·鮨·寿司》）说的这样，在被用作寿司食材之后，金枪鱼逐渐被认为是一种高级鱼类。

1853 年版《细撰记》"寿司屋渍吉"中，店名下也有"虾、鸡蛋、肉松、竹笼鱼、水针鱼、沙尖鱼、赤贝、青花鱼"等寿司食材（图 115）。与《守贞谩稿》对比可以发现，江户时代的寿司食材有鲍鱼、金枪鱼、对虾、白鱼、斑鳐、星鳗、鲷鱼、章鱼、竹笼鱼、水针鱼、沙尖鱼、赤贝、青花鱼等产自江户湾或江户近海的鱼虾贝类。

在没有冰箱的江户时代，《守贞谩稿》后集卷一《食类》"散五目寿司"中有"生鱼肉用醋来渍"的记载。似乎江户的寿司店并不是直接使用生鱼来制作寿司的。江户时代的史料没有说明具体如何处理，但之前介绍过的与兵卫寿司第四代主人的弟弟小泉迁外写的《家庭寿司的做法》中，详细记载了上述寿司食材的前期处理方法，让我们得以一窥江户时代的寿司食材是如何进行处理的。

根据其中的记载，鲍鱼是用料酒、清酒、酱油来煮，待冷却后切成薄片，捏制成寿司。赤贝是"先用两杯醋淋一下，然后用布巾把醋吸走"，切好后捏制成寿司。黄鳍金枪鱼和幼蓝鳍金枪鱼则是"淋一下酱油"然后再捏制。对虾是先加盐煮一下，然后用醋渍起来。白鱼是先用料酒、酱油、盐煮。星鳗是用料酒、酱油煮。斑鰶、鲷鱼、竹箬鱼、水针鱼、沙尖鱼、青花鱼则是用醋渍过之后再捏制成寿司。虽然没有关于章鱼的记载，但应该是加盐煮过再制成寿司。

江户的寿司手艺人根据不同寿司食材的特性采取适合的处理方式，这些钻研和技艺使得握寿司成为江户名食。

这些经过前期加工的食材制成的寿司，吃的时候就不必再蘸酱油了。关于寿司的吃法，小泉迂外说：

> 寿司装盘摆上桌的时候，一定是附带盛着酱油的碟子的。有的寿司要蘸酱油，有的不该蘸酱油。具体说来，海苔、玉子烧、虾和煮菜都不蘸酱油，只在吃金枪鱼、赤贝、斑鰶的寿司时，可以稍微蘸一点。用醋腌渍的鱼蘸不蘸皆可，几乎不蘸才是真滋味。而真正的寿司通，吃什么寿司都不会蘸酱油的。（《月刊食道乐·寿司之话》，1905 年 5 月号）

关于小吃摊的寿司，吉野升雄说："过去小吃摊卖的寿司，会把装有调味酱油的大碗放在'付膳'（小吃摊前的像架子一样的木板）中间。客人们吃寿司时会拿寿司的一端稍微蘸一下大碗里的酱油。根据我母亲说的，明治二十年（1887）左右，小吃摊的调味酱油就是这么用的了。"（《鲊·鮨·寿司》）

《东都名所高轮二十六夜待游兴之图》（1836 年左右）中的寿司小吃摊上，握寿司的右边放着大碗，客人们似乎是蘸这个大碗中的酱油。大碗中似乎还放着细棒。也许这个细棒是刷子，江户时代的人们说不定是用刷子刷酱油到寿司上来吃（图 132）。

图 132　握寿司的小吃摊。寿司被码放在小吃摊上，其前面有一个海碗，里面似乎放着刷子。(《东都名所高轮二十六夜待游兴之图》)

（二）红姜

关于握寿司,《守贞谩稿》中有如下记载：

> 嫩姜和老姜都不用梅醋渍，而是搭配嫩蓼。（卷六《生业》）
> 　寿司配醋渍的嫩姜、马蓼等。有的用山白竹来隔开配菜与寿
> 司，有的是在寿司食盒里，如下图所示，在寿司上放山白竹的切
> 片做装饰。（后集卷一《食类》，图130）

为了消除鱼的腥味，并给食客们清口，江户的寿司店开始给寿司搭配上醋渍的姜片。依据季节，姜被分为嫩姜和老姜（夏天的是嫩姜）。马蓼指红芽，用来上色，不但能消除生腥味，还可以增进食欲、帮助消化。

《家庭寿司的做法》中有"寿司附赠的姜片都切得非常薄，没经验的人切不了。因此寿司店大都是去千住或鱼河岸买现成的"的记载。需要自己做的时候，就"买一些姜，洗掉泥土，用刀把皮削掉，左手手指轻压住，用薄的刀片尽量切成薄片。然后放入水中浸泡，去掉涩味，放入笊篱中晾干。放入大碗中，加一点盐，再用醋渍"。这里介绍的是把姜切薄片再用醋渍的做法，也是现在红姜的一般做法。虽然不知道江户时代的鱼河岸是不是有红姜卖，但这里介绍的做法，没有把姜片用热水烫过，醋里也没有加砂糖，因此应该是江户时期的做法。在宫尾重男的《寿司物

语》（1960）中，有如下记载：

去掉姜的表皮，切成薄片之后用60—70摄氏度的热水烫一下，然后立刻过冷水，去掉涩味。这样既可以消除姜的腥味，又能使色泽更加好看，口感也更柔软。然后再以二比一的比例混合醋和砂糖，并加入少许盐，把姜片渍入上述的甜醋中，这就是红姜一般的做法。

这也是现在红姜的一般做法。

无论如何，寿司跟红姜的味道非常相配。荞麦面中调味的葱花、蒲烧中的花椒、天妇罗与白萝卜泥、寿司与红姜，江户四大名食都有各自相配的调料或配菜。多亏了江户人民的苦心钻研配搭，四大名食才变得更加美味。

寿司装进盒子里时，人们把山白竹的叶子切成精巧的形状，用作隔板（图130）。山白竹也被用来做竹叶寿司。这一方法同样被运用到握寿司的制作中，在寿司装盘配色中发挥了很大作用。而山白竹中富含的多糖体成分还具有防腐的功能。现在改用塑料叶子后则只有装饰的作用了。

五

寿司的价格、散寿司、豆皮寿司

（一）握寿司的价格

《守贞谩稿》卷六《生业》中有如下记载：

毛拔寿司是把握寿司一个个分别用山白竹叶卷起来。价格为每个六文钱。毛拔寿司以外的寿司大多比较昂贵，价格从每个四文到五六十文不等。天保府命（天保改革）时，两百多个卖昂贵寿司的人被逮捕，被戴上了手镣。这之后，寿司多为四文、八文。而府命松弛之后，近来又有人卖二三十文的寿司。

1841 年五月，老中水野忠邦领导了天保改革。十月，江户出台了禁奢令。十二月，北町奉行远山左卫门尉（也就是大家熟悉的电视剧《远山的阿金》的主角），把商人们叫到奉行所所在的白洲，下达了禁奢令。

首先，他对在场的商人们说教，说商人们尤其应该感念天下太平这一国恩，遵纪守法，保持艰苦朴素，然而眼下他们逐渐忘记了国恩，吃穿住行都越发奢侈。一番说教之后，针对"食物买卖之事务"，他又说："原本四文、八文的寿司，也不知不觉变成了二三十文。还有人不顾自己的身份，就喜欢吃昂贵的食物，一分的食物吃着吃着就厌倦了，要吃两分的食物。正因为你们这样，世道才越来越坏，越来越多的人得去造访腰挂（奉行所的诉讼人的等候室），给官老爷们添麻烦。不仅世道越来越差，诸多物品的价格也越来越高。今后你们要谨记禁令，勤劳本分地经营。"接着向所有的商人下达了当年禁止买卖昂贵物品的禁令（《江户町触集成》一三五五五）。

上述记载中，卖二三十文的寿司被点名批评了，但根据《守贞谩稿》中寿司"价格从每个四文到五六十文"的记载，可知当时的寿司甚至能卖到每个六十文的高价。

然而，也有不遵守这项禁令的寿司店。1842年三月八日，有"卖高价寿司的寿司店店主，三十四人被逮捕，处以五十日户缔"的记载（《藤冈屋日记》）。与此相对，《守贞谩稿》中有"两百多个卖昂贵寿司的人被逮捕，被戴上了手镣"的记载，跟《藤冈屋日记》中关于被惩罚的人数和刑罚的记载有出入。"手镣"是给犯人双手戴上手镣，使其无法使用双手的刑罚。"户缔"是指将犯人的家门对角钉起来的刑罚。被逮捕的寿司店店主肯定是受到了某种处罚，《藤冈屋日记》中对刑罚内容的记录更详细，对于被惩罚人数的记录，也更可信。应该是有34家卖高价寿司的寿司店被处以封店五十日的惩罚。

喜多村信节（筠庭）的江户年代记《闻之任》（1781—1853）中，在"天保十三年四月"处，有上个月月初"大桥安宅的松寿司、两国元町的与兵卫寿司的人，都被逮捕了"的记载，正是说所售寿司尤其昂贵的松寿司和与兵卫寿司在此时受到了惩罚。

同年八月，"普通寿司"从"一百文二十四个"（每个约四文二），变成了"二十七个"（每个约三文七）。"上等寿司"从"一百文十二个"（每个月八文三），变成了"十五个"（每个约六文七）（《物价书上》"鲊直段取调书上"）。普通寿司和上等寿司的差别应该在于寿司的食材不同。《守贞谩稿》中记载，天保府命之后"所有寿司都卖四文、八文"，略高于《物价书上》中记录的价格。也可能是因为高价的寿司消失了，每个寿司就只卖这个价钱了吧。

然而，1843年闰九月十二日，水野忠邦被罢免。天保改革结束之后，因"府命松弛"，这些被迫降价的寿司，价格又上涨了。寿司店又活跃了起来，发展为"江户寿司店的数量十分众多，每町都有一两家"（《守贞谩稿》）的繁荣景象。

根据《物价书上》，天保改革让握寿司每个降价为四文、八文，荞麦面十三文、蒲烧一百七十二文至一百五十六文。由此我们可以对比这一时期的寿司、荞麦面和蒲烧的价格。而天妇罗在这一时期，主要还是在小吃摊卖，因此没有成为价格调整的对象。

（二）一人份握寿司

就像《物价书上》中记载的"一百文二十四个"（普通寿司），江户时代，人们去寿司店买寿司的时候，都是说"给我多少多少钱的寿司"，说自己要买的寿司的总价。像现在这样，以一人份为单元来买寿司，要等到明治时代。《续·明治、大正、昭和价格风俗史》中记载了1902年到1981年的"江户前寿司，普通，一人份"的价格变迁。1902年一人份的价格为十钱。《月刊食道乐》1901年3月号中出现了客人到寿司店点了一人份寿司的记录。明治时代快结束时，寿司店开始把一人份的寿司装盘端给客人。吉野升雄则说："从大正初期，店内空间有余裕的寿司店开始装修成'堂食式'，也就是在店内的土间 [1] 摆放桌椅，让客人在店内食用寿司。并开始卖一人份装盘的寿司。"（《鲊·鮨·寿司》）

---

[1]　后来发展为玄关的区域。

这种一人份握寿司的个数，应该是根据店铺和价格的不同各不一样。现在一般是八个握寿司加两个海苔卷为一份。这个数量标准是基于 1947 年开始的委托加工制度。当时第二次世界大战结束没多久，该制度传承了战争时期严格的粮食控管。这一制度规定，寿司店收取四十日元的加工费，将客人拿来的一合米制作成

图 133　寿司老店"宝来鮨"（台东区浅草一丁目）中保留的委托加工的招牌

八个握寿司和两个海苔卷。这一时期，接受加工委托的寿司店都打出了"持参米加工鮨指定店"的招牌（图 133）。

以委托加工制为契机，一人份寿司的个数有了标准。但也因此，握寿司的尺寸变小了。"过去一口半的标准渐渐废除了，握寿司变小了。"（《鮓·鮨·寿司》）

（三）散寿司

诞生于江户的寿司，除了握寿司还有散寿司和炸豆腐皮寿司。

散寿司，在江户也被叫作散五目寿司。天保年间（1830—1844）就有卖散寿司的。1842年八月，握寿司被下令降价时，散五目寿司也从"一份一百文"降为"六十八文"。《守贞谩稿》后集卷一《食类》中有如下记载：

> 散五目寿司在三都均有销售。也被称为"起寿司"。除了一定要在米饭里加入醋、食盐，还要将香菇、鸡蛋卷、紫海苔（浅草海苔）、紫苏芽、莲藕、竹笋、鲍鱼、虾、鱼肉等用醋渍好，切碎后放入米饭中，再放入海碗，表面放上鸡蛋丝。盖饭这种食品，一人份的小碗一般卖一百文到一百五十文。或是几个客人一起点一个大份，再用小碗分而食之。

散五目寿司是将蘑菇、蔬菜、鱼肉等切碎之后拌到米饭中，再在海碗上放鸡蛋丝。

根据《守贞谩稿》可知散五目寿司的名字源于在混合多种食材的五目寿司上撒上鸡蛋丝。文中提到散五目寿司也称"起寿司"。"起寿司"是京阪地区的叫法。西泽一凤在《皇都午睡》三篇上（1850）中说"（京阪地区的）起寿司，（江户）又叫作散五目寿司"。

京都的医者杉野驳华在大阪出版的《名饭部类》（1802）中记载了起寿司的制作方法：

起寿司。将本文之前介绍的食材切薄切碎，拌入米饭中，加入少许醋，放入桶箱中，盖上竹皮，压好盖子，做法和柿寿司相同。过一段时间要吃时，用匙子、筷子铲起来，因而得名起寿司。

根据这种制作方法，起寿司是放入"桶箱"中的五目寿司的押寿司版，没有再摆放别的装饰和配菜。《守贞谩稿》中的散五目寿司并不是押寿司，而是放入碗中，上面还放着鸡蛋丝。看来江户的散五目寿司跟京阪地区的起寿司并不一样，有江户特色。

散五目寿司，就像《皇都午睡》中介绍的"又称五目，或散寿司"，也被略称为"五目"或"散寿司"。有诗云：

はぎつ子を上に着て居る五もく鲊

五目散寿司，食材种类多，如百衲和服，色彩多缤纷

柳一二〇　　1832

这句川柳用拼布制成的和服譬喻五目寿司里放的食材。看来这一时期已经有散五目寿司卖了。

山海も一口の五もく寿し

山珍和海味，五目寿司一口尝

柳一六一　1838—1840

　　这首川柳说的是散五目寿司的食材既有鱼类，又有蔬菜。

　　在 1853 年版《细撰记》"寿司店溃吉"中，店名下还写着菜
单。其中有"散寿司"的字样，说明此时散寿司已经进入寿司店
的菜单了（图 115 ）。

　　散五目寿司的价格颇为昂贵。1842 年"散五目寿司"的价
格从"一份百文"被迫降为"六十八文"（《物价书上》）。《守贞
谩稿》中的记载为"价格一百文到一百五十文"。看来在被迫降
价之前，散五目寿司的价格为一份一百文。普通握寿司的价格为
"一百文二十四个"，上等握寿司的价格为"一百文十二个"，那
么一份散五目寿司的价格，相当于二十四个普通握寿司，或者
十二个上等握寿司。前文也介绍过，现在一人份的握寿司，一般
是八个握寿司和两个海苔卷，价格跟散寿司差不多。然而在江户
时代，散五目寿司比握寿司更贵。

　　相比"散"，江户时代的散五目寿司更看重"五目"的部分。
这种情况持续了一段时间。在 1895 年刊行的《简易料理》"散寿
司"中，有如下记载：

　　　　尽管散寿司的做法尽人皆知，但这里我们还是简单介绍一

下。在蒸好的米饭中加入盐、醋，以及用醋腌渍过、切成细条的鱼类，如星鳗、虎鳗、鳗鱼、鲷鱼、黑鲷、春鱼，或贝类。并将切碎的香菇、牛蒡、土当归、三叶、鸡蛋放入木桶中，与热米饭搅拌均匀。吃的时候，先把浅草海苔用火烤一下，捏碎后撒到上述寿司上。

五目寿司的食材非常丰富，撒在上面的只有浅草海苔。而到了 1910 年刊行的《家庭寿司的做法》"散五目寿司"一节中，有如下记载：

> "将适量海苔米饭盛入容器中"，加入切碎的香菇和木耳，搅拌均匀，"撒在海苔米饭上，并在上面适当放上鸡蛋丝，再在鸡蛋上撒上鱼肉松等'上敷'，配上姜，就算完成了"。
> 五目寿司中使用的鱼虾贝类统称为"上敷"。根据季节，从以下食材中选择一种，切成细丝使用。如果是江户前产的白鱼，一人份大约需要六七条。
> 小鲷、水针鱼、沙尖鱼、白鱼、赤贝、海松贝。

这种寿司饭已经不能称作五目寿司，而是用干海苔揉好切碎之后加到寿司饭中的海苔饭，再在上面放各种食材，并进一步铺各种"上敷"。这种做法的重点是米饭上面铺的各种食材。各种鱼虾贝类被用来作为"上敷"，跟现在的散寿司更接近。

更进一步，在 1930 年刊行的《寿司通》"五目散寿司"一节中，有如下记载：

> 米饭中加入的食材叫作"目"或"具"，一般将莲藕、胡萝卜、干瓢、香菇、玉子烧、昆布丝、魔芋等蔬菜，放入加了醋的米饭中搅拌均匀，再撒上揉好的海苔，姜切成细丝，作为配菜。这就是一般家庭会做的五目寿司，或者叫五目饭。还有一些五目寿司保留了贝肉或醋的腥味。但一般不会使用鱼肉松。这种五目寿司卖相不太好，因此寿司店基本上不会做。
>
> 东京还有些商人，不把这些五目寿司的食材拌到米饭里，而是放到盖饭或者圆形餐具里的米饭上，摆盘摆得漂亮一些，称之为"散寿司"，并在食材的空隙撒上漂亮的浅桃色的鱼肉松。
>
> 这样，五目寿司就跟散寿司区分开了。不过一般来说，二者还是经常被混为一谈。在寿司店，说"给我一份五目"，店员也一定会说"好的，散寿司一份"吧。但也有一些寿司店把撒了五种食材的散寿司称为五目散寿司。

虽然有些寿司店开始提供食材不拌进米饭里的散寿司了，但还是有人把五目寿司和散寿司混为一谈。昭和初期开始，散寿司逐渐演变为今天的形态。

（四）豆皮寿司

寿司店后来也提供散寿司了，但豆皮寿司主要还是小吃摊在卖。人们认为狐狸是稻荷大明神的使者，因此向狐狸供奉油炸豆皮来祈愿，这是江户时期的信仰习俗。于是豆皮寿司也被称为"稻荷寿司"。稻荷寿司也被称为"信太（信田）寿司"，据说是得名于信太之森（大阪府和泉市）有名的的狐狸传说。

《近世商买尽狂歌合》（1852）中有"豆皮寿司。天保年间饥荒时出现，十分流行。至于到底起源于何地，有多种说法，没有定论"的记载。书中还描绘了卖稻荷寿司的小吃摊。小吃摊上挂出了画着狐狸脸的旗帜，并垂挂着写有"稻荷鲊"的红色圆灯笼。台面上放着菜刀。摊主叫卖着："一条十六文，来呀来呀，卖寿司啦，便宜的寿司啦。一半只需八文。来呀来呀，便宜的寿司啦，便宜的寿司啦。一切只要四文啦，来尝尝吧来尝尝！"看来卖豆皮寿司的摊主还可以根据客人的要求，把细长的豆皮寿司切开来卖（图 134）。

《守贞漫稿》卷六《生业》中有如下记载：

> 天保末年，江户有人把豆皮切开做成袋子状，将蘑菇、干瓢等切碎放入米饭中，用炸豆腐皮包好来卖。最开始白天晚上都有卖的，后来就基本上只有晚上才卖这种寿司了。卖这种寿司的商贩一般会在灯笼上画鸟居，称"稻荷寿司"或"筱田寿司"，这

図 134　卖豆皮寿司的小贩。(《近世商买尽狂歌合》)

两种称呼都起源于狐狸，因为据传狐狸喜欢吃炸豆腐皮。这种寿司是最便宜的。尾张的名古屋等，以前就有这种寿司了。江户也在天保年间开始卖这种寿司。也有可能只有两国等地的乡下人才吃。不知道寿司店有没有卖。

也就是说豆皮寿司的名字来源于狐狸喜欢吃炸豆腐皮的传说。

至于豆皮寿司何时成为商品，《近世商买尽狂歌合》记载是在天保四年至天保七年（1833—1836）全国饥荒时开始贩卖并流行起来的，但并没有详细谈到其起源。《守贞谩稿》也记载始于天保末年，但尾张的名古屋之前就有豆皮寿司了，不知道江户是不是在天保以前也有寿司店在卖，都没有详细记录。关于豆皮寿司的起源虽然不详，但江户确实至少在天保年间就有卖的了。

关于豆皮寿司的价格，《藤冈屋日记》"弘化二年"（1845）中有记载"这种寿司（豆皮寿司）由油炸豆腐皮、米饭、豆渣等食材制成，一个八文，非常廉价。蘸着山葵酱油吃。从傍晚到夜里，在人来人往的街区摆摊叫卖"。由此可知豆皮寿司一个八文钱，并且是蘸着山葵和酱油吃的。《近世商买尽狂歌合》中说豆皮寿司一块四文，一条十六文。《守贞谩稿》里也说豆皮寿司是最便宜的寿司。豆皮寿司确实便宜。但在一笔庵主人的《魂胆梦辅谭》四篇下（1848）中的豆皮寿司，则是一块八文、十六文，一条三十二文、五十文、七十文、一百文，甚至两百文（图135）。因为是虚构的故事，所以肯定有一定的夸张，但可以看

图 135　豆皮寿司小摊。(《魂胆梦辅谭》四篇下)

出，有些豆皮寿司因为食材的关系还是比较昂贵的。

关于豆皮寿司中包的食材，《藤冈屋日记》中说"这种寿司（豆皮寿司）由油炸豆腐皮、米饭、豆渣等食材制成，一个八文"。《守贞谩稿》中说"将蘑菇、干瓢等切碎放入米饭中"。而《嚏草》"昔之声"（江户末期）中有"炸豆腐皮中包豆渣"的记载。

江户时期的史料将豆皮寿司称为"寿司"，但不知道其中包的米饭是不是寿司米饭（加醋的米饭）。而明治时期的《年中总菜之仕方》（1893）中则记载道：

豆皮寿司。切开生的豆腐皮（小张的豆腐皮可以直接使用，大张豆腐皮切开用一半），加入清酒、酱油和砂糖煮一下，再用来包五种馅的寿司。这五种馅可以是切碎的莲藕、胡萝卜、香菇、木耳、苎麻果、姜等，煮入味，连同煮的汤水一起拌入寿司米饭中。

这里炸豆腐皮中包的是蔬菜等素菜。《家庭寿司的做法》中使用的也是寿司米饭。明治时代制作豆皮寿司时会往寿司米饭中拌入很多食材，但后来渐渐变为只有醋饭了。到了《寿司通》（1930）的年代，豆皮寿司已经变成了"有些会在米饭中加入胡萝卜、莲藕、昆布丝等，但一般都不会再加米饭以外的食材了"。这就跟现在的豆皮寿司很接近了。

日本桥十轩店（中央区日本桥室町三四丁目）附近的豆皮寿司非常有名。《魂胆梦辅谭》中卖豆皮寿司的小贩叫卖着："啊，卖豆皮寿司啦，豆皮寿司啦！广受好评的信田寿司，放在十轩店卖的豆皮寿司！最正宗的豆皮寿司！"

十轩店似乎指的是好几家卖豆皮寿司的店铺，其中有自称为元祖的店。《春色连理之梅》三篇（1851）中说十轩店是"豆皮寿司的元祖"。

十轩店卖的豆皮寿司中，"治郎公"最有名。在清水晴岚绘制的有关江户时代行商艺人的素描《晴风翁物卖物贳尽》（1851—1913）中，有关于"十轩店治郎公的豆皮寿司"（图136）的描述：

図 136　十轩店治郎公的豆皮寿司。(《晴风翁物卖物尽尽》)

十轩店治郎吉的豆皮寿司，从安政年间开始就非常流行。店主一边大声叫着"咚咚锵咚咚咚锵"，一边右手敲打台面的样子十分有趣，街上的小孩子们甚至都学起了治郎公的样子。

而在记录了幕末到明治初期江户生活的《江户的夕荣》（1922）中，有如下记载：

豆皮寿司。御府内各地小吃摊或店铺均有售。是炸豆腐皮中包着米饭和蔬菜的寿司。主要的店铺有藏前的玉寿司、十轩店的治郎公、吉原江户町角的夜明、千住大桥际、和泉町、人形町大道夜店、久保町等，各町均有。味美价廉。

从此可以得知，不只是小吃摊，卖豆皮寿司的店铺也在各地都开了起来。

豆皮寿司也是在江户的平民百姓的喜爱之中发展起来的寿司。

结　语

爱吃寿司、天妇罗、荞麦面、鳗鱼的人一定有很多。我也会在预算和时间允许的范围内，去遍尝这四大名食的知名店铺，享受江户时代孕育的美食。

因此，以此四大名食为主题，本书的写作是令人十分愉快的工作，但因为主题太大，需要调查的事情非常多。在访问文献藏处、收集史料、查阅各种文献和绘画的过程中，时光可谓飞逝。

想要把江户时代具有代表性的四大名食在一本书里写完，实在是一个比较贪婪的想法。虽然还有很多没有写到的，但我想我已经写完了最主要的内容，因此就此搁笔。如再有机会，希望能以每种食物分别为题，再续写作。

书中引用了大量江户时代文章的原文，为帮助读者理解，还搭配大量的插图。希望本书能帮助您一探江户时代的饮食文化。

2014 年 8 月，我在筑摩学艺文库出版了《居酒屋的诞生》一书。当时，通过筑摩书房的介绍，有幸认识了千叶大学名誉教授松下幸子老师。本书出版的过程中，她慷慨为我提供了各种资料。松下老师一直很期待本书的出版问世，然而不幸于去年 12 月逝世。没能让松下老师看到本书，实在遗憾至极。我也借此机会，向松下老师表达感激之情。

在本书的出版过程中，《居酒屋的诞生》的编辑藤冈泰介先生继续担任了本书的编辑。从校对到插图的排版，本书的各个方面都得到了他的大力帮助。尤其是在本书的"门面"——封面的选择上，他在众多的方案中反复考量，最终选定了最符合本书内容的封面方案。在此向他表示由衷的感谢。

2016 年 2 月

饭野亮一

参考史料及文献

『明烏後正夢』 二世南仙笑楚満人・滝亭鯉丈作、歌川国直・渓斎英泉画 文
　　政四～七年（一八二一～二四）

『東育御江戸の花』 鳥居清長画 安永九年（一七八〇）

『仇敵手打新蕎麦』 南杣笑楚満人作・一柳斎豊広画 文化四年（一八〇七）

『雨の落葉』 山之編 享保十八年（一七三三）

『彙軌本紀』 島田金谷 天明四年（一七八四）

『居酒屋の誕生』 飯野亮一 ちくま学芸文庫 平成二十六年（二〇一四）

『異制庭訓往来』 南北朝期 『日本教科書大系往来編』四 講談社 昭和
　　四十五年（一九七〇）

『一向不通替善運』 甘露庵山跡峰満 天明八年（一七八八）

『異本洞房語園』 庄司勝富 享保五年（一七二〇） 文政八年写本（国立国
　　会図書館蔵）

『彩入御伽草』 鶴屋南北 文化五年（一八〇八）

『浮世床』 式亭三馬 文化十年（一八一三）

『浮世風呂』 式亭三馬 文化六～十年（一八〇九～一三）

『虚実情夜桜』 梅松亭庭鶯 寛政十二年（一八〇〇）

『羽沢随筆』 岡田助方 文政七年（一八二四）頃

『うどんそば 化物大江山』 恋川春町作・画 安永五年（一七七六）

『鰻・牛物語』 植原路郎 昭和三十五年（一九六〇）

『うなぎの本』 松井魁 柴田書店 昭和五十七年（一九八二）

『枝珊瑚珠』 鹿野武左衛門等作・石川流宣画 元禄三年（一六九〇）

『江戸江発足日記帳』 酒井伴四郎 万延元年（一八六〇）

『江戸買物独案内』 中川五郎左衛門編 文政七年（一八二四）

『江戸鹿子』 藤田理兵衛 貞享四年（一六八七）

『江戸看板図譜』林美一 三樹書房 昭和五十二年（一九七七）

『江戸久居計』 岳亭春信作・歌川芳幾画 文久元年（一八六一）

「江戸時代の料理書に関する研究』（第四報）川上行蔵（『共立女子大学短期
　　大学部紀要』第一五号） 昭和四十六年（一九七一）

『江戸砂子』 菊岡沾涼 享保十七年（一七三二）

『江戸愚俗徒然草』 案本胆助 天保八年（一八三七）

『江戸自慢』 原田某 安政年間（一八五四～六〇）頃

『江戸蛇之鮓』 池西言水編 延宝七年（一六七九）

『江戸図屏風』 絵師未詳 寛永年間（一六二四～四四）頃

『江戸川柳飲食事典』 渡辺信一郎 平成八年（一九九六）

『江戸惣鹿子名所大全』 奥村玉華子 宝暦元年（寛延四年）（一七五一）

『江戸食べもの誌』 興津要 作品社 昭和五十六年（一九八一）

『江戸塵拾』 芝蘭室主人 明和四年（一七六七）

『江戸っ子はなぜ蕎麦なのか？』 岩崎信也 光文社新書 平成十九年
　　（二〇〇七）

『江戸店舗図譜』 林美一 三樹書房 昭和五十三年（一九七八）

『江戸の夕栄』　鹿島萬兵衛　大正十一年（一九二二）

『江戸繁昌記』五編　寺門静軒　天保七年（一八三六）

『江戸方角安見図鑑』　表紙屋市郎兵衛板　延宝八年（一六八〇）

『江戸町触集成』　近世史料研究会編　塙書房　平成六～十八年
　　（一九九四～二〇〇六）

『江戸味覚歳時記』　興律要　時事通信社　平成五年（一九九三）

『江戸見草』　小寺玉晁　天保十二年（一八四一）

『江戸名所百人一首』　近藤清春画・作　享保十六年（一七三一）頃

『江戸名物鹿子』　伍重軒露月（豊嶋治左衛門）・豊嶋弥右衛門編　享保十八
　　年（一七三三）

『江戸名物詩』　方外道人　天保七年（一八三六）

『江戸名物酒飯手引草』　編者不詳　嘉永元年（一八四八）

『江戸料理辞典』　松下幸子　柏書房　平成八年（一九九六）

『絵本浅紫』　北尾重政　明和六年（一七六九）

『絵本江戸大じまん』　著者不詳　安永八年（一七七九）

『絵本江戸爵』　朱楽菅江作・喜多川歌麿画　天明六年（一七八六）

『絵本江戸土産』　西村重長　宝暦三年（一七五三）

『絵本続江戸土産』　鈴木春信　明和五年（一七六八）

『延喜式』　延長五年（九二七）　黒板勝美編『延喜式』　吉川弘文館　昭和
　　五十四年（一九七九）

『縁取ばなし』　鼻山人　弘化二年（一八四五）

『鸚鵡籠中記』　朝日重章　貞享元年～享保二年（一六八四～一七一七）

『大江戸史話』　大石慎三郎　中央文庫　平成四年（一九九二）

『大草家料理書』　著者不詳　十六世紀後半頃　『群書類従』　十九

『大晦日曙草紙』　山東京山　天保十年～安政六年（一八三九～五九）

『教草女房形気』　山東京山　弘化三年～明治元年（一八四六～六八）

『御触書寛保集成』　高柳眞三・石井良助編　岩波書店　昭和三十三年
　　（一九五八）

『御触書天保集成』　高柳眞三・石井良助編　岩波書店　昭和三十三年
　　（一九五八）

『女嫌変豆男』　朋誠堂喜三二作・恋川春町画　安永六年（一七七七）

『解説　家庭「鮓のつけかた」』　吉野舜雄　主婦の友社　平成元年（一九八九）

『嘉元記』　法隆寺西園院　改定史籍集覧二四

『甲子夜話』　松浦静山　文政四年〜天保十二年（一八二一〜四一）

『歌仙の組糸』　冷月庵谷水　寛延元年（一七四八）

『家庭鮓のつけかた』　小泉清三郎（迂外）　明治四十三年（一九一〇）　復
　　刻版　主婦の友社　平成元年（一九八九）

『金曾木』　大田南畝　文化六年（一八〇九）

『金草鞋』　十返舎一九　文化十年〜天保五年（一八一三〜三四）

『金儲花盛場』　十返舎一九作・歌川安秀画　天保元年（一八三〇）

『かの子ばなし』　著者不詳　元禄三年（一六九〇）

『竈将軍勘略之巻』　時太郎可候（葛飾北斎）作・画　寛政十二年（一八〇〇）

『神代余波』　斎藤彦麿　弘化四年（一八四七）

『仮根草』　紅月楼主人　寛政七年（一七九五）

『軽口初笑』　小僧松泉編　享保十一年二七二六）

『簡易料理』　民友社　明治二十八年（一八九五）

『閑情末摘花』　松亭金水作・歌川貞重画　天保十〜十二年（一八三九〜四一）

『簡堂先生筆録』　羽倉簡堂　幕末頃

『寛政重修諸家譜』　堀田正敦等編　文化九年（一八二一）

『感跖酔裏』　桂井酒人　宝暦十二年（一七六二）

『気替而戯作問答』　山東京伝　文化十四年（一八一七）

『季刊古川柳』　（川柳評万句合索引）川柳雑俳研究会　昭和六十三年〜平成

五年（一九八八～九三）

『ききのまにまに』　喜多村信節　天明元年～嘉永六年（一七八一～一八五三）

『岐蘇路安見絵図』　桑楊（光曜真人）　宝暦六年（一七五六）

『木曽路名所図会』　秋里籬島　文化二年（一八〇五）

『旧観帖』　三編　感和亭鬼武　文化六年（一八〇九）

『牛山活套』　香月牛山　元禄十二年（一六九九）

『嬉遊笑覧』　喜多村信節　文政十三年（一八三〇）

『狂歌四季人物』　歌川広重　安政二年（一八五五）

『狂歌夜光珠』　如棗亭栗洞編　文化十二年（一八一五）

『狂言綺語』　式亭三馬・立川焉馬　文化元年（一八〇四）

『享保世説』著者・成立年不詳　享保二～十五年（一七一七～三〇）　江戸
　　　後期の写本（宮内庁書陵部蔵）

『錦江評万句合集』　錦江評　明和三年（一七六六）

『近世商賈尽狂歌合』　石塚豊芥子　嘉永五年（一八五二）

『近世飲食雑考』　平田萬里遠　個人社　平成十六年（二〇〇四）

『近世後期における石主要物価の動態』　三井文庫編　東京大学出版会　平
　　　成元年（一九八九）

『近世職人尽絵詞』　鍬形蕙斎　文化二年（一八〇五）

『九界十年色地獄』　山東京伝　寛政三年（一七九一）

『蜘蛛の糸巻』　山東京山　弘化三年（一八四六）

『くるわの茶番』　楚満人　文化十二年（一八一五）

『契情肝粒志』　三篇　鼻山人　文政九年（一八二六）

『慶長見聞集』　三浦浄心　慶長十九年（一六一四）

『戯場粋言幕の外』　式亭三馬　文化三年（一八〇六）

『月刊食道楽』　有楽社　明治三十八年五月～明治四十年八月（一九〇五～〇七）
　　　復刻版　五月書房　昭和五十九年（一九八四）

『毛吹草』 松江重頼 寛永十五年（一六三八）

『元和年録』 元和元～九年（一六一五～二三） 内閣文庫所藏史籍叢刊六五
　　史籍研究會編 汲古書院 昭六十一年（一九八六）

『麹街略誌稿』 柳渓河内全節 明治三十一年（一八九八）頃

『好色産毛』 雲風子林鴻 元禄五～十年（一六九二～九七）

『慊堂日暦』 松崎慊堂 文政六年～弘化元年（一八二三～四四）

『皇都午睡』初編（燕石十種本）三編（我自刊我本） 西沢一鳳 嘉永三年
　　（一八五〇）

『江府風俗志』著者不詳 寛政四年（一七九二）

『合類日用料理抄』 無名子 元禄二年（一六八九）『江戸時代料理本集成』 一

『黒白精味集』 江戸川散人・孤松庵養五郎 延享三年（一七四六）『千葉
　　大学教育学部研究紀要』三六・三七

『古契三娼』 山東京伝 天明七年（一七八七）

『古今吉原大全』 酔郷散人（沢田東江） 明和五年（一七六八）

『古今料理集』 著者不詳 寛文十年～延宝二年（一六七〇～七四）頃 『江
　　戸時代料理本集成』 二

『滑稽和合人』 滝亭鯉丈 文政六年（一八二三）

『小人国毬桜』 山東京伝 寛政五年（一七九三）

『御府内備考』 巻之十七「浅草之五」 文政十二年（一八二九）

『是高是人御喰争』 桜川杜芳作・北尾政美画 天明七年（一七八七）

『魂胆夢輔譚』 一筆庵主人 嘉永元年（一八四八）

『細撰記』 錦亭綾道 嘉永六年（一八五三）

『歳盛記』 風鈴山人 慶応元年（一八六五）

『坐笑産』 稲穂 安永二年（一七七三）

『三世相郎満八算』 南杣笑楚満人作・歌川豊国画 寛政九年（一七九七）

『讚嘲記時之太皷』 吹上氏かわずつ介安方 寛文七年（一六六七）

『事々録』　作者不詳　天保六年～嘉永二年（一八三五～四九）

『四十八癖』　式亭三馬　文化十四年（一八一七）

『慈性日記』　天台僧慈性　慶長十九年～寛永二十年（一六一四～四三）

『七十五日』　編者不詳　天明七年（一七八七）

『七福神大通伝』　伊庭可笑作・北尾政演画　天明二年（一七八二）

「市中取締類集」一（『大日本近世史料』）　東京大学史料編纂所編慕　昭和
　　三十四年（一九五九）

『信濃史料』　第十四巻　信濃史料刊行会　昭和三十四年（一九五九）

『忍草売対花籠』　柳亭種彦作・歌川国貞画　文政四年（一八二一）

『春色梅児誉美』　為永春水　天保三～四年（一八三二～三三）

『春色恋廼染分解』　朧月亭有人　万延元～慶応元年（一八六〇～六五）

『春色連理の梅』　二世梅暮里谷峨　嘉永四年～安政五年（一八五一～五八）

『定勝寺』　山本英二等　浄戒山定勝禅寺　平成十七年（二〇〇五）

『正宝事録』　町名主某編纂　正保五年～宝暦五年（一六四八～一七五五）

『醬油沿革史』　金兆子　明治四十二年（一九〇九）

『昭和四年農業調査結果報告』　内閣統計局　昭和五年（一九三〇）

『食道楽　春の巻』　村井弦斎　明治三十六年（一九〇三）

『続日本紀』　藤原継縄・菅原真道等編　延暦十六年（七九七）

『新撰絵本柳樽初編』　五代目川柳　刊行年不詳

『新撰遊覚往来』　南北朝期　『日本教科書大系往来編』四　講談社　昭和
　　四十五年（一九七〇）

『人倫訓蒙図彙』　蒔絵師源三郎　元禄三年（一六九〇）

『振鷺亭噺日記』　振鷺亭　文化三年（一八〇六）

『粋興奇人伝』　仮名垣魯文・山々亭有人編・歌川芳幾画　文久三年（一八六三）

『還魂紙料』　柳亭種彦　文政九年（一八二六）

『鮓・鮨・すし』　吉野曻雄　旭屋出版　平成二年（一九九〇）

『すし通』　永瀬牙之輔　四六書院　昭和五年（一九三〇）　復刻版　東京書
　　房社　昭和五十九年（一九八四）

『すしの美味しい話』　中山幹　中公文庫　平成十年（一九九八）

『すしの事典』　日比野光敏　東京堂出版　平成十三年（二〇〇一）

『すし物語』　宮尾しげを　井上書房　昭和三十五年（一九六〇）

『酢造りの始まりと中埜酢店』　日本福祉大学知多半島総合研究所・博物館
　　「酢の里」　中央公論社　平成十年（一九九八）

『晴風翁物売物貰尽』　清水晴風　成立年不詳

『世間咄風聞集』　著者不詳　元禄七〜十六年（一六九四〜一七〇三）　岩波
　　文庫　平成六年（一九九四）

『善庵随筆』　朝川鼎（善庵）　嘉永三年（一八五〇）

『撰要永久録』『東京市史稿産業篇』　一三　享保十四年（一七二九）

『川柳江戸名物』　西原柳雨　大正十五年（一九二六）

『川柳雑俳集』　日本名著全集刊行會編　昭和二年（一九二七）

『川柳食物事典』　山本成之助　牧野出版　昭和五八年（一九八三）

『川柳蕎麦切考』　佐藤要人監修　太平書屋　昭和五十六年（一九八一）

『川柳大辞典』　大曲駒村編　高橋書店　昭和三十年（一九五五）

『川柳風俗志』　西原柳雨編　春陽堂　昭和五十二年（一九七七）

『続江戸砂子』　菊岡沾涼　享保二十年（一七三五）

『俗事百工起源』　宮川政運　慶応元年（一八六五）

『続々美味求真』　木下謙次郎　昭和十五年（一九四〇）　復刻版　五月書房
　　昭和五十一年（一九七六）

『続・値段の明治・大正・昭和風俗史』　朝日新聞社　昭和五十六年（一九八一）

『そば・うどん百味百題』　柴田書店書籍編集部編　柴田書店　平成三年
　　（一九九一）

『蕎麦史考』　新島繁　錦正社　昭和五十年（一九七五）

『蕎麦全書』 日新舎友蕎子 寛延四年（一七五一）

『そば通』 村瀬忠太郎 四六書院 昭和五年（一九三〇） 復刻版 東京書
　　　房社 昭和五十八年（一九八三）

『そばの本』 植原路郎・薩摩卯一編著 柴田書店 昭和四十四年（一九六九）

『大千世界楽屋探』 式亭三馬 文化十四年（一八一七）

『多佳余宇辞』 不埓散人 安永九年（一七八〇）

『唯心鬼打豆』 山東京伝 寛政四年（一七九二）

『たねふくべ』 三友堂益亭 天保十五～弘化五年（一八四四～四八）

『玉川砂利』 大田南畝 文化六年（一八〇九）

『親元日記』 蜷川親元 寛正六年～文明十七年（一四六五～八五）

『茶湯献立指南』 遠藤元閑 元禄九年（一六九六）

『中山日録』 堀杏庵 寛永十三年（一六三六）

『塵塚談』 小川顕道 文化十一年（一八一四）

『通詩選諺解』 大田南畝 天明七年（一七八七）

『毬唄三人娘』 初編 松亭金水 安政年中（一八五四～六〇）

『てんぷらの本』 平野正章・小林菊衛 柴田書店 昭和五十五年（一九八〇）

『天婦羅物語』 露木米太郎 自治日報社 昭和四十六年（一九七一）

『天保撰要類集』 旧幕府引継書 国立国会図書館蔵

『天保佳話』 丈我老圃 天保八年（一八三七）

『東雅』 新井白石 享保二年（一七一七）

『東京買物独案内』 上原東一郎編 明治Ｉ一十三年（一八九〇）

『東京市史外篇　日本橋』 鷹見安二郎 聚海書林 昭和六十三年（一九八八）

『東京百事便』 永井良知編 明治二十三年（一八ﾉ〇）

『東京風俗志』 平出鏗二郎 明治三十四年（一九〇一）

『東京名物志』 松本順吉編 明治三十四年（一九〇一）

『東京流行細見記』 野崎左文 明治十八年版

『どうけ百人一首』　近藤清春画・作　享保（一七一六〜三五）中頃

『東照宮御実紀附録』第二　国史研究会　大正四年（一九一五）

『徳川禁令考』（前集第五）　石井良助編　創文社　昭和三十四年（一九五九）

「徳川実紀第五篇」『国史大系』黒板勝美編　吉川弘文館　昭和六年（一九三一）

『土地万両』　見笑　安永六年（一七七七）

『友だちばなし』　鳥居清経画　明和七年（一七七〇）

『中洲雀』　道楽山人無玉　安永六年（一七七七）

『流山の醸造業Ⅱ』（本文編）　流山市教育委員会　平成十七年（二〇〇五）

『錦の袋』娯渚堂白応　享保年中　『雑俳集成』四（享保江戸雑俳集）　東洋
　　　書院　昭和六十二年（一九八七）

『日本近世社会の市場構造』　大石慎三郎　岩波書店　昭和五十年（一九七五）

『女房の気転』　自在亭主人　博文館　明治二十七年（一八九四）

『鼠の笑』　著者不詳　安永九年（一七八〇）

『値段の明治・大正・昭和風俗史』　朝日新聞社　昭和五十六年（一九八一）

『根南志具佐』　平賀源内　宝暦十三年（一七六三）

『後は昔物語』　平沢常富（手柄岡持）　享和三年（一八〇三）

『俳諧江戸広小路』　不卜編　延宝六年（一六七八）

『誹風柳多留全集』　岡田甫校訂　三省堂　昭和五十一〜五十三年
　　　（一九七六〜七八）

「幕藩制前期の幕令」　藤井譲治（『日本史研究』一七〇）　昭和五十一年
　　　（一九七六）

『麻疹噺』　著者不詳　享和三年（一八〇三）

『花筐』　松亭金水　天保十二年（一八四一）

『囃物語』　幸佐作・吉田半兵衛画　延宝八年（一六八〇）

『花の御江戸』　市場通笑作・北尾政美画　天明三年（一七八三）

『早道節用守』　山東京伝　寛政元年（一七八九）

『春告鳥』　為永春水　天保八年（一八三七）

『万金産業袋』　三宅也来　享保十七年（一七三二）

『半日閑話』　大田南畝　成立年不詳

『日永話御伽古状』　森羅亭萬宝作・勝川春英　寛政五年（一七九三）

『美味廻国』　本山荻舟　四條書房　昭和六年（一九三一）

『美味求真』　木下謙次郎　大正十四年（一九二五）　復刻版　五月書房　昭
　　和五十一年（一九七六）

『白増譜言経』　仲夷治郎　寛保四年（一七四四）

『評判龍美野子』　泉山坊・梁雀州　宝暦七年（一七五七）

『ひろふ神』　山東京伝・本膳亭坪平　寛政六年（一七九四）

『風俗粋好伝』　鼻山人作・渓斎英泉画　文政八年（一八二五）

『風俗文選』　五老井許六編　宝永三年（一七〇六）

『風俗遊仙窟』　寸木主人　寛延四年（一七五一）

「FOOD CULTURE」11　キツコ誐マン国際食文化研究センタ誐　平成十七
　　年（二〇〇五）十二月

『風流たべもの誌』　浜田義一郎　人物往来社　昭和四十三年（一九六七）

『深川のうなぎ』　宮川曼魚　住吉書店　昭和二十八年（一九五三）

『富貴地座位』　悪茶利道人　安永六年（一七七七）

『武江産物志』　岩崎常正　文政七年（一八二四）

『武江年表』　斎藤月岑　正編（嘉永元年・一八四八）　続編（明治十一
　　年・一八七八）

『藤岡屋日記』　須藤由蔵　文化元年〜慶応四年（一八〇四〜六八）

『婦人世界臨時増刊』　実業之日本社　明治四十一年五月

『武総両岸図抄』　雲井圓梅信　安政五年（一八五八）

『物価書上』　天保十三年（一八四二）　旧幕府引継書　国立国会図書館蔵

『武徳編年集成』　木村高敦撰　天文二年〜元和二年（一五四二〜一六一六）

名著出版　昭和五十一年（一九七六）

『物類称呼』　越谷吾山　安永四年（一七七五）

「文昭院殿御実紀」（「徳川実紀第七篇」）『国史大系』黒板勝美編　吉川弘
　　文館　昭和七年（一九三二）

『反古染』　越智久為　宝暦三年〜天明九年（一七五三〜八九）

『邦訳日葡辞書』　イエズス会編・土井忠生等編訳　慶長八年（一六〇三）

『北越雪譜』　鈴木牧之　天保七〜十三年（一八三六〜四〇）

『ほりこらい』　西村重長作・画　享保十八年（一七三三）頃

『本草綱目啓蒙』　小野蘭山　享和三〜文化三年（一八〇三〜〇六）

『本朝食鑑』　人見必大　元禄十年（一六九七）

『本朝世事談綺』　菊岡沾涼　享保十九年（一七三四）

『町会所一件書留』　天保十一年（一八四〇）　旧幕府引継書　国立国会図書館蔵

『真佐喜のかつる』　青葱堂冬圃　江戸期頃

『味覚極楽』　子母沢寛　龍生閣　昭和三十二年（一九五七）　復刻版　新評
　　社　昭和五十二年（一九七七）

『見た京物語』　木室卯雲　天明元年（一七八一）

『名飯部類』　杉野駁華　享和二年（一八〇二）

『間明月』　神田あつ丸　寛政十一年（一七九九）

『昔々物語』　財津種莢　享保十七年（一七三二）頃　明和七年の写本（存
　　採叢書所収本）

『夢想大黒銀』　伊庭可笑作・北尾政美画　天明元年（一七八一）

『明治世相百話』　山本笑月　第一書房　昭和十一年（一九三六）　復刻版
　　有峰書店　昭和四十六年（一九七一）

『明治東京逸聞史』　森銑三　平凡社東洋文庫　昭和四十四年（一九六九）

『明和誌』　青山白峯　文政五年（一八二二）頃

『みかし唄今物語』　大原和水・双木千竹　安永十年（一七八一）

『盲文画話』　猿水洞蘆朝　文政十年（一八二七）

『守貞謾稿』（『近世風俗志』）　喜多川守貞　嘉永六年（一八五三）

『山科家礼記』　大沢久守・重胤等　応永十年〜明応元年（一四〇三〜九二）

『大和本草』　貝原益軒　宝永六年（一七〇九）

『柳樽二篇』　万亭応賀　天保十四年（一八四三）

『遊子方言』　田舎人多田爺　明和七年（一七七〇）

『遊僊窟烟之花』　薄倖隠士　享和二年（一八〇二）

『遊歴雑記』　大浄敬順　文化十一〜文政十二年（一八一四〜二九）

『用捨箱』　柳亭種彦　天保十二年（一八四一）

『養老令』　養老二年　（七一八）　井上光貞等編　『律令』　岩波書店　昭和
　　　五十一年（一九七六）

『能時花舛』　岸田杜芳　天明三年（一七八三）

『よしの冊子』　水野為長　文政十三年（一八三〇）

『芳野山』　古喬子　安永二年（一七七三）

『吉原よぶこ鳥』　著者不詳　寛文八年（一六六八）

『夜野中狐物』　王子風車作・北尾政演画　安永九年（一七八〇）

『略画職人尽』　葛飾文々舎編、岳亭定岡・谷文晁・柳川重信画　文政九年
　　　（一八二六）

『料理塩梅集』「天の巻」塩見坂梅安　寛文八年（一六六八）『千葉大学教
　　　育学部研究紀要』二五

『料理辞典』　斎藤覚次郎　明治四十年（一九〇七）

『料理食道記』　奥村久正　寛文九年（一六六九）

「料理書に見る江戸のそばとそば汁」　松下幸子「そばうどん」（第三八号）
　　　柴田書店　平成二十年（二〇〇八）

『料理手引草』　下田歌子　明治三十一年（一八九八）

『料理のおけいこ』　東京婦人会　明治四十年（一九〇七）

『料理網目調味抄』 嘯夕軒宗堅　享保十五年（一七三〇）『江戸時代料理
　　本集成』四

『料理物語』 著者未詳　寛永二十年（一六四三）『江戸時代料理本集成』一

『類集撰要』 旧幕府引継書　国立国会図書館蔵

『我衣』 加藤玄悦（曳尾庵）　文政八年（一八二五）

『若葉の梢　下』 金子直徳　寛政十年（一七九八）

『わすれのこり』 四壁庵茂蔦　天保（一八三〇～四四）末年頃

『童謡妙々車』 二三編　二世柳亭種彦作・梅蝶楼国貞画　慶応四年（一八六八）

文景
Horizon

社 科 新 知　文 艺 新 潮

四口吃遍江户
［日］饭野亮一　著　田蕊　译

出 品 人：姚映然
策划编辑：熊霁明
责任编辑：王　萌
营销编辑：高晓倩
装帧设计：安克晨

出　　品：北京世纪文景文化传播有限责任公司
　　　　　（北京朝阳区东土城路 8 号林达大厦 A 座 4A　100013）
出版发行：上海人民出版社
印　　刷：山东临沂新华印刷物流集团有限责任公司
制　　版：北京大观世纪文化传媒有限公司

开　本：890mm×1240mm　1/32
印　张：11.25　字　数：231,000
2021 年 7 月第 1 版　2021 年 7 月第 1 次印刷
定　价：59.00元
ISBN：978-7-208-16986-9/ G·2066

图书在版编目（CIP）数据

　四口吃遍江户 /（日）饭野亮一著；田蕊译. — 上
海：上海人民出版社，2021
　ISBN 978-7-208-16986-9

　Ⅰ. ① 四… Ⅱ. ① 饭… ② 田… Ⅲ. ① 饮食 – 文化研
究 – 日本　Ⅳ. ① TS971.203.13

　中国版本图书馆CIP数据核字（2021）第041674号

本书如有印装错误，请致电本社更换　010-52187586